山田國廣

協力＝黒澤正一

除染は、できる。

Ｑ＆Ａで学ぶ放射能除染

藤原書店

◀④クエン酸入りの界面活性剤を塗布する

▼⑤デッキブラシでていねいにブラシングする

▲⑥ブラシング後、泡に溶けだしてきた放射性セシウムをバキューム吸引する

▶⑦道路の割れ目、溝、凹凸部なども、ていねいに泡を吸引する。ここまでの作業時間は、2名で1時間足らず。
(除染後の表面線量は 0.28μSv/h、鉛遮蔽体使用表面線量は 0.07μSv/h)

◀⑧汚染除去物は、超高密度ポリエチレン製の「プラスチックドラム頑丈容器」(耐衝撃性、耐紫外線、耐水性が保証されている)の中に入れておくので、長期間もれる心配はない

▲⑨プラドラの外側は「ツーバイフォー囲い」(パーティクルボードを10～15cm間隔で二重容器にして、あいだに川砂と水の混合物を袋に入れて詰め、γ線を遮蔽する)

▶⑩ふたをして、近場に一時保管する(外側表面線量は0.2μSv/h以下なので、敷地境界部などへ置くことが可能)

口絵② ホットスポットは、通学路のいたるところにある！！

図中の建物などに記入されている数値は、**γ線透過率**です。

例えば、鉄筋コンクリートの建物壁では、透過率が 0.06（外からのγ線は 94%カットされる）ですが、ガラス窓は 0.95（5%カット）ですから、窓からのγ線侵入に気をつける必要があります。

木造住宅の場合、屋根の透過率は 0.85（15%カット）ですから、瓦などの表面に浸透している放射性セシウムからのγ線は、天井裏から室内へと侵入しています。

板壁の場合、1cm 程度の厚さであれば、透過率は 0.94 と、ほとんど遮蔽効果はありません。

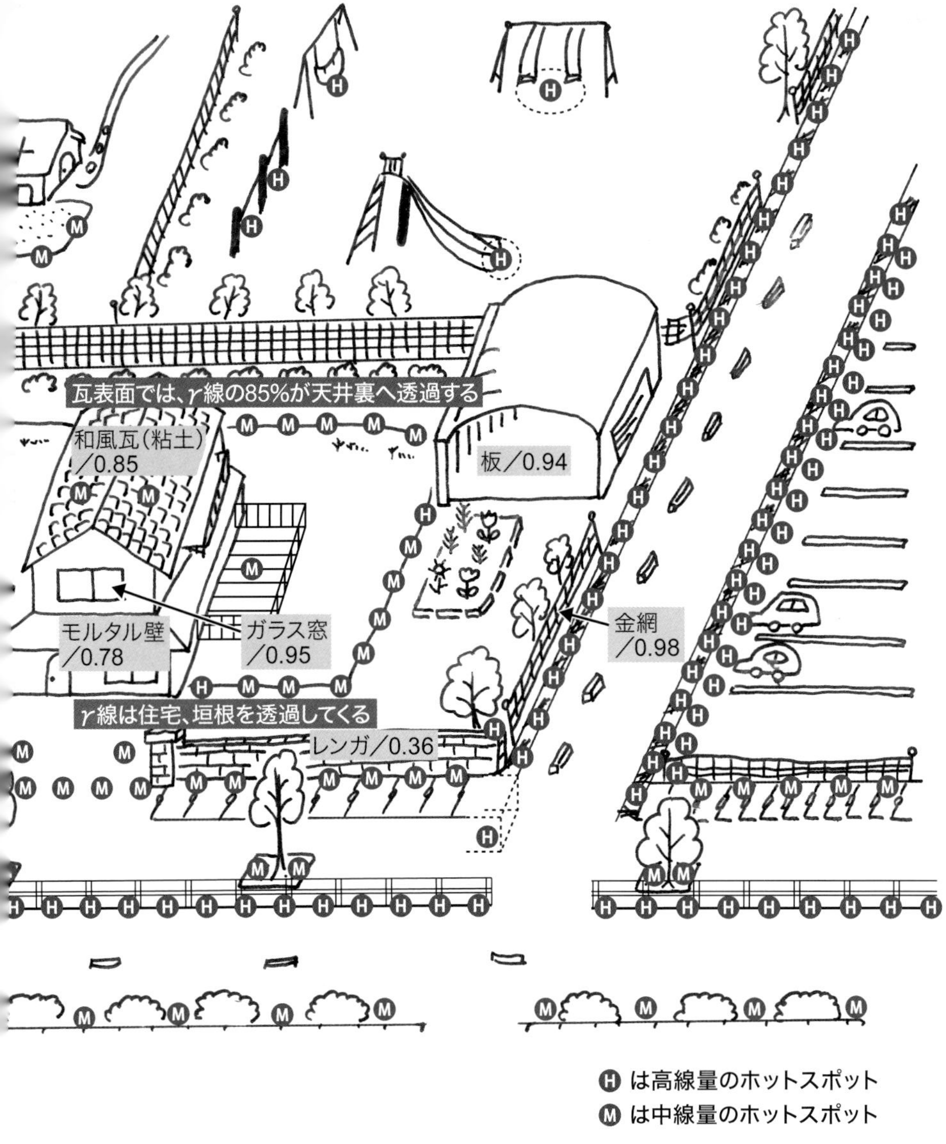

瓦表面では、γ線の85%が天井裏へ透過する
和風瓦（粘土）
／0.85
板／0.94
モルタル壁
／0.78
ガラス窓
／0.95
金網
／0.98
γ線は住宅、垣根を透過してくる
レンガ／0.36
H は高線量のホットスポット
M は中線量のホットスポット

口絵③ ピカピカにして、近場に置こう！

～ 安全容器は一石三鳥 ～

① 放射性物質を安全容器に閉じ込められる！

② 外からのγ線がカットできる！

③ 除去物の置き場を確保できる！

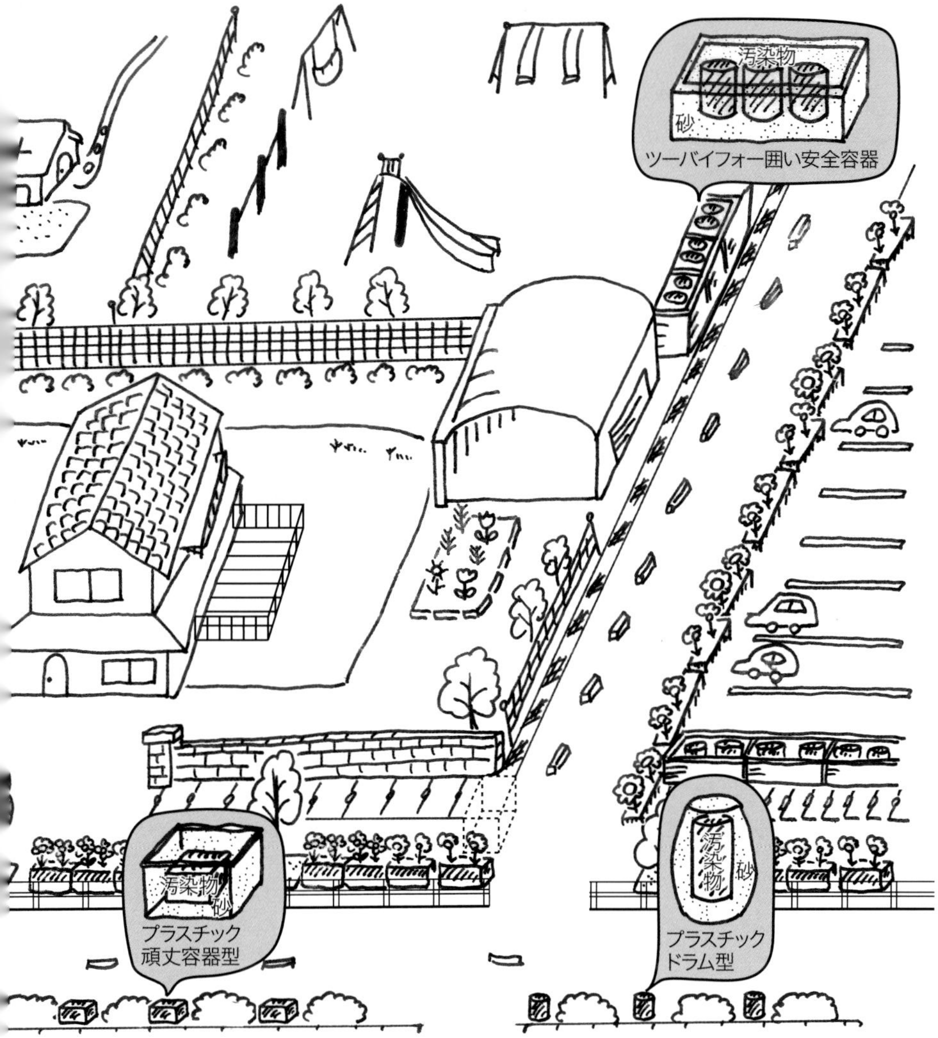

安全容器は、放射性物質そのものを閉じこめ、γ線は0.2μSv/h以下になるので、近場へ置くことができます。

敷地内では境界部に置いても、お隣に心配をかけることはありません。

少し広い歩道では、道路と歩道の間にプランターを置き、その内部へ保管できます。

中央分離帯のある道路では、分離帯に置くこともできます。

口絵④「安全容器」の構造と置き場所は？

《図1　都市部》

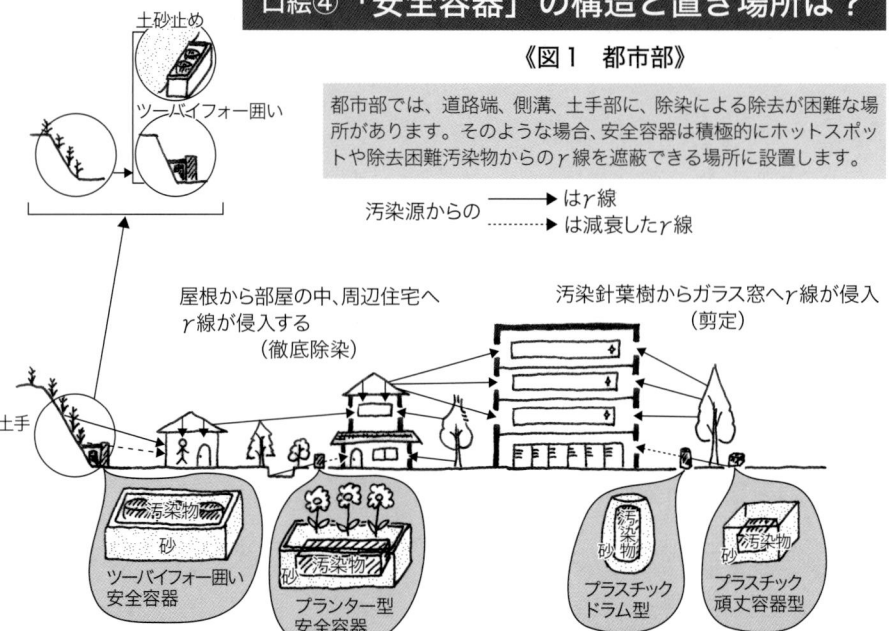

都市部では、道路端、側溝、土手部に、除染による除去が困難な場所があります。そのような場合、安全容器は積極的にホットスポットや除去困難汚染物からのγ線を遮蔽できる場所に設置します。

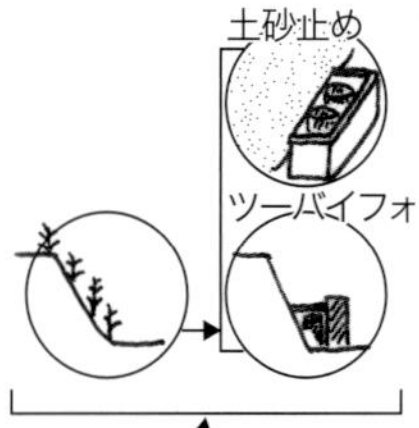

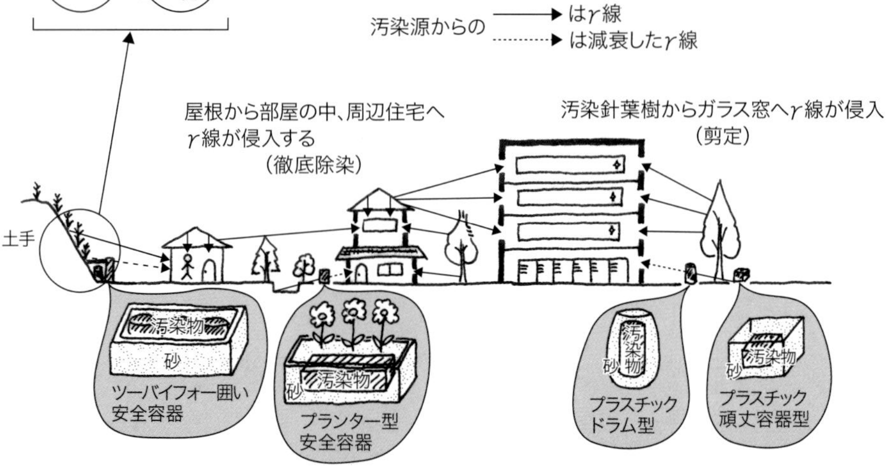

《図2　中山間地》

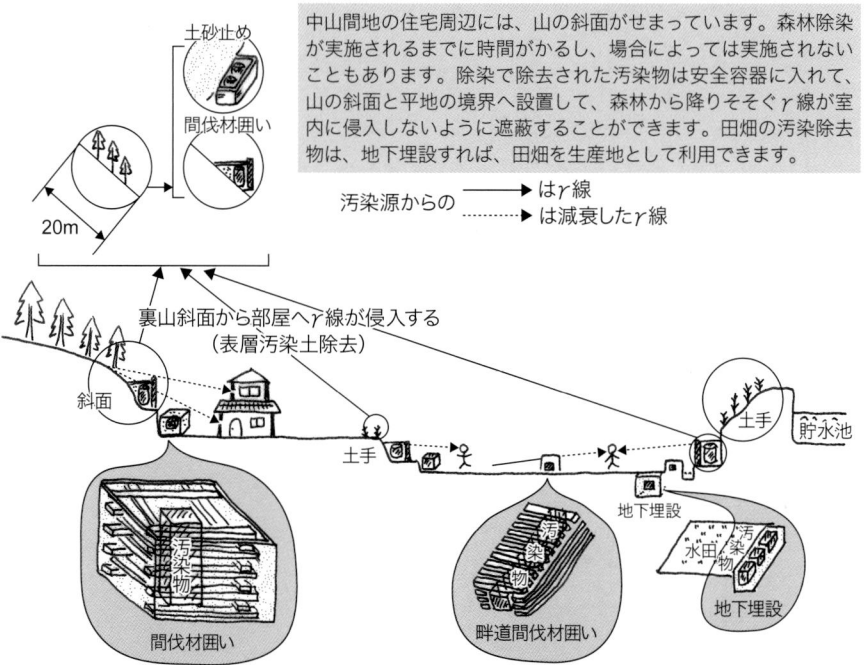

中山間地の住宅周辺には、山の斜面がせまっています。森林除染が実施されるまでに時間がかるし、場合によっては実施されないこともあります。除染で除去された汚染物は安全容器に入れて、山の斜面と平地の境界へ設置して、森林から降りそそぐγ線が室内に侵入しないように遮蔽することができます。田畑の汚染除去物は、地下埋設すれば、田畑を生産地として利用できます。

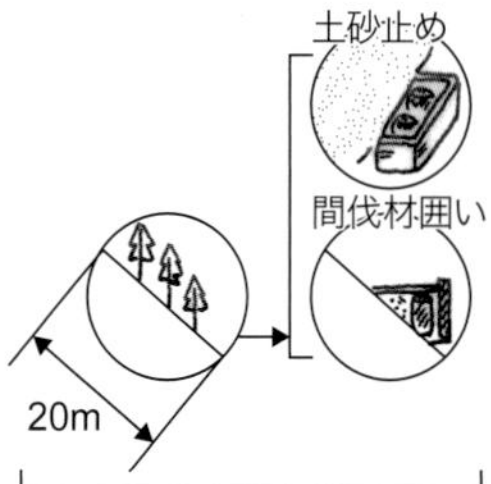

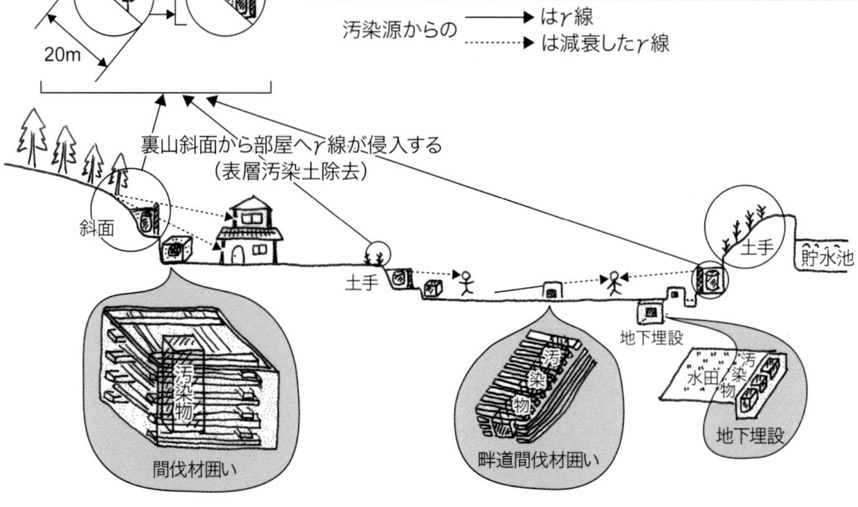

除染は、できる。　目次

除染は、できる――「はじめに」にかえて

1　私の試行錯誤の経緯――2011年5月から2013年9月

2　「除染は、できる」ことを証明する！

3　住民参加型の除染方法

1　Q&A　除染について知っておきましょう！

2　Q&A「適切な除染方法」とは？

3 *Q&A* 安全保管の方法とは？
——安全保管容器とその置き場所——

4　実践例、実証実験データの紹介

はしがき

本書には、『除染は、できる。』という題名をつけています。

本書とは逆に、「除染はできない」という声を最近よく耳にするようになりました。こうした声には、さまざまな立場からの、それぞれ違った意味がこめられています。たとえば、国の除染ガイドラインによる「除染」を思い浮かべている人たちは、「**除染をしても効果が上がらない**」という意味で「除染はできない」といいます。また、事情を知らない人が漠然と、「**放射性物質を除去することなどできるはずがない**」と単純に思いこんでいるケースもあるでしょう。さらに、たとえ除染ができたとしても生業復帰までにかかる長期間を甘受できない人たちは、「**短期間に生業復帰できるほど効果的に除染はできない**」という複雑な心境を表す言葉として言い放つこともあるでしょう。

本書の内容は、「**元に戻そう！**」という提案です。そのために“必要な”除染とは、「**安心の水準**」にまで数値を改善することであり、「**風評被害を打破するために十分な水準**」でもあります。

必要なことは、今できていなくても、不必要になってはくれません。「必要・不必要」と「できる・できない」を混同してはいけません。必要な除染は、できるように挑戦していく使命が与えられるだけです。

そこで本書は、以下のような皆さんに読んでいただくために執筆しました。

① 放射線被ばくを少なくしたい、と望んでいる人

② 元の生活に戻りたい、と願っている人

③「除染はできない」と思いこんでいる人

④ 政府、地方自治体において、除染業務に関係している人

⑤ 放射能汚染問題を抱えている企業、除染で社会貢献がしたいと望んでいる企業

⑥ 原発立地地域で反原発運動をしている人、避難の是非を考えている人
⑦ 被災地に出向き、なにか役立ちたいと考えている支援グループ

さらに本書では、**どうすれば効果があがるのか、具体的な方法**も、わかりやすくＱ＆Ａ式で掲載しています。

福島市、飯舘村、郡山市、喜多方市など、地元の有志の皆さんにご協力をいただきながら、目前にある汚染の除去の実践をつみかさね、データを蓄積した２年間の結果すべてを、本書にこめています。

本書に記した効果的な除染を体験した郡山市のボランティア集団「行健除染ネットワーク」の村上代表は、「**これなら自分たちでもできる！**」という感想を語ってくれています。

国や業者まかせで、ただ待っているだけで、これまでとなんら変わらない時間が浪費されるとすれば、いわば**自力でこの状況を打破する手法**として、本書が活用されることを、心から願っています。

2013年10月

山田國廣

除染は、できる

——「はじめに」にかえて——

1　私の試行錯誤の経緯——2011年5月から2013年9月

❶ なぜ、私が「除染モデル」構築にとりくむことになったか？

福島第一原発から60kmくらい離れた福島市中心部に信夫山（しのぶやま）があり、その北側地域は「御山（おやま）」とよばれています。

ネット販売で急きょ購入したGM管放射線測定器を手にして、初めて福島の除染活動にとりくんだのは、2011年5月17日、御山における通学路の放射線測定でした。地元住民の深田和秀さんやお母さんがたに、案内をしていただけることになっていました。

集合場所の大手家電量販店の駐車場端の、雑草やごみが堆積している場所からは、20μSv/hくらいの表面線量が測定されました。

「えっ、福島市の中心部でこんなことになっているの？」

私はたいへん驚きました。

翌月の測定では、少し横の駐車場端から150μSv/hが観測されたのです。

家電量販店から御山小学校まで、道路、側溝（そっこう）、児童公園などを測定し、通学路の汚染状態は、おおよそつかめました。

御山小学校の校門前で測定していると、たまたま校長先生が通りかかられて、「測定の許可を取りましたか？」と聞かれました。これにも、驚きました。

口絵②「ホットスポットは、通学路のいたるところにある!!」は、このときのイメージを図にしたものです。

2年半経過した今でも、児童公園などは除染され、放射線量は低下していますが、道路端、側溝、雨水升（ます）、駐車場端などは、放置されたままです。

測定が終わり、帰りぎわに、通学路を案内していただいたお母さんの一人であるSさんが、「**実は、私の家も放射線量が高いのですが**……」と申し訳なさそうに言われました。

さっそく、Sさん宅へ測定にまわりました。玄関右横の住宅角に雨樋（あまどい）があり、そこの土壌の表面線量は、56.4μSv/h ありました。これには、心底から驚きました。

すでに除染道具などは引き上げてしまい、手もとになかったので、Sさんに頼んでポリ袋とスコップを持ってきてもらい、スコップで高線量の汚染土壌を除去して、袋に入れ、庭の中心部に置きました。

そして「来月もう一度来て、高線量汚染土壌は庭の中心部に穴を掘って埋めます」と告げました。

除染の応急措置がおわり、手を洗うためにSさん宅へ入れていただき、手を洗って帰ろうとすると、リビングには小さな子どもさん2人と、おばあちゃんが待機されていました。この光景を見たとき、私は泣けそうになりました。

こんな事態を放っておくのは「**あかんやろ！**」と思いました。

このとき以後、私は、現在にいたるまで2年半近く、ほぼ毎月、多い時には月に3回くらい、自宅のある京都から福島へかよって、除染モデル構築にひたすらとりくんできました。

私の除染モデル構築の原点は、Sさん宅の玄関横で、素手でスコップを使い、ポリ袋に高線量汚染土壌をとりのぞいたときでした。このときから、始まったのです。

❷ さまざまな場所で、さまざまな除染モデル構築実験をしました

2011年から2012年の前半は、福島市内を中心にさまざまな場所で、さまざまな方法による除染モデルを実施しました。御山の大手家電量販店の駐車場端の汚染土壌、深田さん宅のコンクリート屋根、渡利の吉川さん宅、野田の大河原さんのリンゴ園、大貫さん宅の庭や駐車場や道路、大波の小池さん宅の屋根、飯野町の麦の家（介護施設）の屋根、高橋さんの畑……などで除染実験をしました。

今から思うと、除染方法としては未熟で、思ったように放射線量は低減せ

ず、しかも虫食い状の除染でした。モデル除染を実施させていただいたお宅には、「きわめて不満足な結果に終わり、申し訳ありません」と、あやまるしかありませんでした。

2012年6月からは、飯舘村と喜多方市へ入ることになりました。

飯舘村へ入ることができたのは、飯舘村の支援にとりくんできた東海ネットワークの代表である、名古屋の小早川喬さんから、「飯舘村の除染を実施しませんか？」というお誘いを受けたのが、始まりです。それ以後、飯舘村村議の佐藤八郎さん宅（避難先は福島市飯野町）に泊まり込み、避難地域で、ほとんど住民の姿がない高線量汚染地域である飯舘村でのモデル構築にとりくみました。

田畑の「湛水法」、「抜根法」など、すぐれた除染方法を見いだすことができました。**高線量地域の住宅まわりの除染法**についても、ほぼ除染法の目途をたてました。また、**森林や牧場の除染法**や「**水みちトラップ法**」についても、モデルと、一定の方向をみつけました。

喜多方市は、早大客員教授の黒澤さんに紹介され、商工会議所で講演させていただいたのが、きっかけです。福島県内では低線量地域である喜多方市は、市長の方針として「除染は必要がない」とされています。しかし、喜多方市の荒川産業圃場の雑草除染・堆肥化減容や、道路端……など、除染しなければならない箇所が多く見つかりました。

喜多方市に浪江町から避難していた岩倉次郎さんには、畑の土壌コアサンプルを採取していただき、大阪大学の福本敬夫さんに測定をしていただきました。表層2cmまでの土壌から10万Bq/kgを超える放射線濃度が検出され、「浪江の汚染土壌レベルの高さ」を認識しました。

そして、郡山市朝日1-6-1に位置する荒川産業の経営するリサイクルショップの駐車場、土壌、屋根、雨水升などの除染にとりくみました。ここでは、種々の素材の厚さを変えて、γ線遮蔽率を測定する実験もしました。

このほかにも、群馬県安中市の幼稚園運動場の除染、栃木県那須塩原市の道路端の除染などについても、測定とモデル構築をおこないました。

2013年3月26日、福島市にある飯坂温泉の「パルセいいざか」において、

NPO法人「まちづくり喜多方」（代表・蛭川靖さん）主催の「自らの手で福島を取りもどす具体的方法」というシンポジウムが開催されました。このシンポジウムには、除染に関心がある団体、個人が参加されましたが、その中に「行健除染ネットワーク」の村上利勝さんと鈴木洋平さんが参加されていました。このシンポジウムが、2013年9月29日の「公開除染実証実験」につながっていくことになりました。

この2年半の間、私は、**飯舘村の中山間地のような高線量汚染地域、福島市や郡山市のような都市部の中線量汚染地域、喜多方市や安中市のような低線量汚染地域**において、**住宅周辺、道路まわり、田畑、森林、水路、池など、あらゆる汚染場所の除染モデル構築**にとりくんできました。

放射線量については、シンチレーション・サーベイメータと鉛遮蔽体を持ち込み、現地で測定をしました。土壌や雑草などの放射能密度（Bq/kg）は、大阪大学理学部化学科の福本敬夫さんの研究室へコアサンプルを持ちこみ、1cm厚さ単位で、測定をしていただきました。このデータからは、森林や田畑の土壌の放射能汚染は、「2cm深さ」に集中していることがわかりました。

2011年から2012年前半までは、「失敗→改善」のくりかえしでした。「除染は、やってみないとわからない」というのが実感です。

しかし、2012年の夏以後は、

①ていねいに除染すれば、着実に放射線量が低減する方法、

②「有りもの」の道具や装置、そして安価な洗剤（クエン酸入り）などを使用して、住民でも手軽にできる除染法、

③除去物は近場に置ける「安全保管容器」の開発、

などが見えてきました。

本書で紹介する種々の除染方法は、このような経過を経て、2年半かけてモデル構築してきた手法のうち、私が「**これならいける！**」と評価しているものにしぼりこみました。

❸「原理がわかれば、除染はできる！」講演会の開催

2013 年 8 月 4 日、サンライフ郡山において、「除染は私たちでできる！」という私の講演会が開催されました。主催は、郡山市富久山町久保田 52 町内会です。

講演会には、100 名近くの住民が参加されました。会場のふんいきから、関心の高さがうかがえました。そのときのようすを、**写真 1** に示します。

私は講演において、**口絵①**にある**「通学路ホットスポット除染法」**を紹介しました。

ここは、以前に高圧水洗浄をしたところで、それ以後、放射線量が再上昇してしまった場所です。

私の提唱する方法では、表面線量が 1.46μSv/h であったものが、除染後は遮蔽体使用で 0.07μSv/h にまで低下しました。遮蔽体使用測定値である

▲写真 1　講演会会場のようす

ので、「この除染が広く面的に実施された時の数値」という条件はつきますが、この方法で面的に実施しさえすれば、0.07μSv/h という「**事故前の放射線量に近い状態**」**へ戻れる**のです。

しかも、口絵の除染範囲くらいなら、1時間足らずで、ていねいさは必要ではありますが、地元住民がかんたんに実施できました。

このとき除染に参加されていた「行健（こうけん）除染ネットワーク」の村上会長さんは、「こんなことで除染ができるのか！　私たちは今まで何をやっていたのか……」という感想を述べられました。

「何をやっていたのか」というのは、**高圧水洗浄を実施したときの「苦い経験」**からです。高圧水洗浄は、テレビなどでそのようすを見ているとかんたんそうではありますが、実は、飛散防止のためにブルーシートを張って養生したり、丸い洗浄跡ができるくらいていねいにやっても、いったんは下がりますが、また再上昇してしまうのです。

再上昇するのはあたりまえで、**微細な岩石成分などに優先的に付着した放射性セシウムは、高圧水洗浄によって洗浄水とともに移動するだけで、けっして除去はされません。**

移動した微細な汚染岩石成分が雨などで移動すれば、また集まってくるのです。

このように再上昇するから、ホットスポットが形成されるわけです。

側溝などに流しこんでも、大雨が降れば側溝から堆積物があふれだして、また道路などに流れだしてしまうこともあります。

❹「除染」に対する住民、とくにお母さんの想い

私の講演が終わり、質疑応答がありました。そして、参加者に対するアンケートが実施されました。

以下は、そのアンケートに記された意見、感想、質問です。

① 実践して効果を出した、という講演内容が大変わかりやすく、きいていて明るい気持ちになりました。詳細な除染方法に、自分もできることを確信しました。感謝の気持ちでいっぱいです。今後も、福島のためによろしく、お願いいたします。 (女性、36 歳)

② 放射線関係のお話（講演会）は、初めて参加しました。除染についていろいろ課題もあるけど、とにかく方法はあり、立場をこえて実例をつくりあげていくことが大切だと思いました。 (女性、42 歳)

③ 先生のお話は、とてもわかりやすく、勉強になりました。力強く説得力があり、子どもたちのために大人ががんばらないといけない、と改めて思いました。先生のお話には希望を感じました。ありがとうございました。 (女性)

④ 山田先生にお話をしていただき、自分のできることを（少しあきらめていたのですが）やりたいです。 (女性、62 歳)

⑤ 大変内容の高い講演会でした。除染後の汚染物の除去の方法、雑草の処理など、除染作業のしかたがわかりやすく、たいへんよかったです。ありがとうございました。 (女性、72 歳)

⑥ このやりかたで、子どもたちの安心が出来るのなら、実践したい。 (男性、33 歳)

⑦ これまで除染活動をしてきたが、なかなか大きな効果が出ない。今でも、高い線量の部分がある。いつのまにか除染に行きづまり、あきらめがあった。しかし、今回の講演で、除染の方法、除去物の保管の考え方を変えれば、線量が低減できることを教えていただいた。もう一度除染をしてみようと思い直した。 (男性、43 歳)

⑧ 本日は、ありがとうございました。今まで家でやっていたことがまちがっていることがわかりました。講演をきいてよかったと思います。質問なのですが、子どもには外出時にマスクと線量計を持たせています。効果はありますか？ (女性、35 歳)

⑧番目のお母さんのような質問を、よく受けます。

現状のような放射能汚染状態で放置されるのであれば、「マスクをしたほうがいいし、線量計で被ばく量を確認した方がいい」としか、答えようがありません。しかし、学校に行って他の子どもたちがマスクをしていないのに、自分だけマスクをしているような場合は、かなりの決断力が必要となります。このような事態を子どもたちに強いているのは、理不尽としかいいようがありません。

マスクの被ばく防止効果について、説明をしておきます。

まず、放射線被ばくには、**内部被ばく**と**外部被ばく**があります。マスクの被ばく防止効果は、微細な埃(ほこり)や粒子に付着して浮遊している放射性物質を、呼吸器系を通じて体内に取り込むことを防ぐ、内部被ばく対策です。花粉や、中国からの黄砂、それからPM2.5を防ぐのと同じです。

放射性セシウムは、微細粒子に優先的に付着しています。その意味では、郡山市の汚染現状では、微細粒子が浮遊している状況にあるので、「マスクは必要」と言えるでしょう。

マスクをしなくてもいいようにするためには、「**微細粒子を優先的に除去する除染法**」が必要となります。

実は、私が提唱している「洗剤塗布＋ブラシング＋吸引」や「水洗浄分級法」は、この「微細粒子を優先的に除去する除染法」なのです。

それに対して、高圧水洗浄は逆で、微細粒子を空中に舞い上がりやすい状態にしています。

早急に、「微細粒子を優先的に除去する除染法」を実施して、マスクをしなくてもいい環境を回復する必要があるのです。

❺ 郡山市長の「お詫び」と「約束」

この講演会の呼びかけビラを、**写真2**に示します。

ビラにもあるように、講演に先立ち、郡山市の品川市長さんがあいさつにこられました。そして、冒頭、壇上から、除染が遅れていることにたいして、お詫びの言葉を述べられました。

その言葉を聞いて、私は「ほぉー」と思いました。郡山市の除染が、仮置き場の確保困難などの理由でおくれているのは確かで、それにたいする「言いわけ」ではなく「お詫びの言葉」を述べられたことに、感心したのです。

あいさつされるまえに、休憩室で市長さんとお話ができました。私が「除染ガイドラインにない方法を実施する必要がありますよ」と説明しました。すると、「郡山市から、新しい方法を採用していただくよう、提案してもいいですよ」と言われました。このときも「ほぉー」と思いました。

環境省の除染ガイドラインになくても、コストが適正で、着実に放射線量

▲写真2 「除染は私たちでできる!」講演会のビラ

を下げていける方法があれば、ガイドラインを柔軟に見直し、新たな除染法を取り入れていくことは、きわめて重要です。

品川市長さんは、そのことを「やってもいいよ」と言われたので、感心しました。

そして品川市長さんには、「お母さんたちの除染に対する想い」をぜひ理解していただき、「新しい除染法の提案」を実行していただきますよう、お願いいたします。

❻ 郡山市の汚染の現状と、久保田52町内会のこれまでのとりくみ

「郡山市ふるさと再生除染実施計画」における除染目標と、富久山町久保田の放射線レベルの現状は、以下のように分類されています。

① 郡山市の除染計画では、年間5mSvを超える区域を「第一優先地区」として、その中で線量順に4つのグループ分けを行っています。

②「第二優先地区」は、年間5mSv以下の区域で、その中で9つのグループに分けて、順位をつけています。

③ 富久山町久保田は、「第二優先地区」の3番目のグループで、空間線量が0.79～0.7μSv/h範囲にあるとされています。除染の順番はまだあとの方で、今年度中の除染実施はありません。

④ 郡山市の住宅にかんする除染実績は大幅に遅れており、2013年7月段階の実績では、計画数4万9141件にたいして、20.7%の1万183件です。道路にかんしては、1273kmの計画にたいして、2.6kmが実施されただけです。

⑤ 除染目標は、「年間追加被ばく線量を2013年8月までには50%減、それ以後は年間1mSvをめざす」とされています。しかし、除染件数が大幅に遅れているだけでなく、優先実施された住宅についても3mSvを超えているケースが多く、実施されない「第二優先地区」についても、放置されている状態です。除染が遅れている最大の原因は、除去物を保管する「**仮置き場の確保ができない**」ことです。

つぎに、久保田52町内会が、これまでどのように除染活動にとりくんできたか、概要を説明します。

① 2011年12月18日から1月5日において、町内会の役員、班長さんによって、古町、前田、宮田、石鼻地区83か所の環境放射能調査が実施されました。

② 2013年6月9日から17日において、前回と同じ場所で、町内会の役員、班長さんによって環境放射能調査が実施され、2回の測定値の比較分析がなされました。

③ 今回の実証実験が実施される通学路道路沿いは、83か所の調査地点で最も高い線量（表面線量7.16μSv/h）が観測された場所であり、古町の市営住宅そばの雨水升からは、2番目に高い線量（1cm高さで3.14μSv/h）が観測されました。そして、公開実証実験は、この2か所から始めることになりました。

④ 町内会で、以前は高圧水洗浄を中心とする除染が実施されましたが、見るべき低減効果がえられず、除染後に再上昇した箇所が多くみられました。

❼「除染は、できる」ことを証明するための、「公開除染実証実験」

2013年9月29日、郡山市福山町久保田52町内会が主催し、行健除染ネットワークが協力、ふくしま会議が参加する形で、「**公開除染実証実験**」が開催されました。そのときの呼びかけビラを、**写真3**に示します。

公開で除染の実証実験を行うことは、現状において、きわめて大切です。なぜなら、政府や自治体が計画を立て、ゼネコンや専門業に委託されて実施されてきた除染が、見るべき成果を上げることができずにいるからです。そこから「除染はできない」、「除染しても線量は下がらない」という除染に対する不信感が、巷(ちまた)に満ちあふれているからです。

そのような不信感を払拭するためには、「**公開の場で、効果的な除染を実**

施して見せる」しか、方法はありません。9 月 29 日の「公開除染実証実験」の結果は、「公開の場で信用を獲得する」という意味において、大切です。

この公開除染実証実験には、地元住民、ふくしま会議の皆さん、だけでなく、除染に関心がある NGO、そして除染道具を提供している企業、支援の研究者、マスコミ、ミニコミ関係者が参加されていました。

公開除染実証実験では、以下のような 5 項目について、「除染は、できる」ことを証明することをめざしていました。

(1) 年間追加被ばく線量が 1mSv（0.23μSv/h）を超えているところは、現状

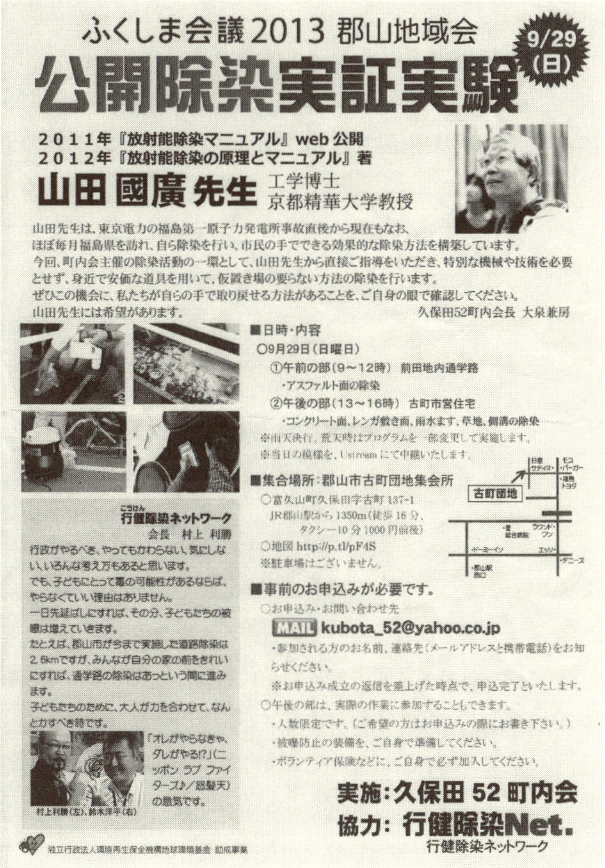

▶写真３　公開除染実証実験ビラ

の汚染線量の高低にかかわらず、「**年間 1mSv 以下にできる**」。

(2) 現状で年間 1mSv を下回っているところは「**事故前の自然放射線レベル（平均 0.06μSv/h 以下）に戻ることができる**」。

(3) 住宅周辺、通学路など、生活圏における「**面的除染ができる**」。

(4) 主体的に参加しようという意志があれば「**住民の手で、比較的短時間に、適切なコストで除染ができる**」。住民の手で実施すれば、順番待ちに関係なく、「**早く実施できる**」。

(5) 放射能汚染除去物は、「**近場で、安全に、一時保管することができる**」。そのことは、一石三鳥の意味を持っています。

① 放射性物質を長期、安全に「**閉じ込めることができる**」。

② 高線量除去物であっても、「**安全容器の外側表面線量で 0.2μSv/h 以下に低減させることができる**」。

③ 近場で一時保管できるので、仮置き場、中間貯蔵地の必要がなく、「**早く除染実施ができる**」し、「**大幅なコスト削減ができる**」。

幸いにもマスコミの取材もあり、適切な記事を書いていただきました。『朝日新聞』と『福島民友』の記事を紹介します。

「効果的除染」
専門家が指導
郡山の町内会

行政による除染が遅れ、除染作業をした場所でも目立った効果が上がらない。そんな現状に対し、「市民の手でできる効果的な除染方法」を提唱する山田国広・京都精華大教授が29日、郡山市富久山町の久保田52町内会に招かれ、除染を指導した。

敷石にクエン酸入りの洗剤をまき、ブラシをかける。浮かび上がった汚れを吸引する＝郡山市富久山町

山田教授の方法は①コンクリートや敷石にクエン酸入り洗剤をまいてブラッシングしてから、乾湿両用掃除機で吸い取る②雑草地は根の深さ（数㌢）まで土をはぎ取り、除去した雑草は堆肥にして容量を減らす、といった内容。

除去した汚染土などは「ガンマ線を90%遮る安全容器に入れれば、近場で保管できる」（山田教授）。安全容器の問い合わせは荒川産業（0120・536・672）。

この日除染したのは商業施設の雨どい下の土や古町団地周辺。表面放射線量が毎時約0・4㍃シーベルトだった団地出入り口のコンクリート製たたきは、クエン酸を使った除染によって約4分の1に減った。

山田教授が除染方法をまとめた著書「除染は、できる」が10月25日に藤原書店（03・5272・0301）から出版される。

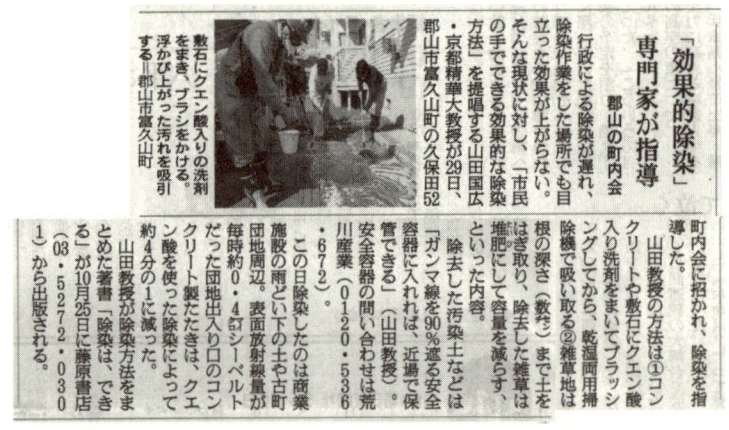

▲写真 4 『朝日新聞』（福島版）2013 年 9 月 30 日付け記事

二つの記事では、「効果的除染であること」、「住民の手で実施できること」、「簡単な道具で実施できること」、「除去物は近場に置いて安全保管できること」を、紹介していただきました。

除染作業に取り組む参加者ら

市民にできる除染検討

久保田52町内会が実証実験

郡山市の久保田52町内会（大泉兼房会長）は9月29日、同市富久山町久保田周辺で公開除染実証実験を行い、自分たちでできる除染方法について考えた。行健除染ネットワーク（村上利勝会長）の協力。

ふくしま会議2013郡山地域会のプログラムの一環として開催した。

市民の手でできる効果的な除染方法の構築を進める京都精華大の山田国広教授を招いた。

山田教授は、モデル実験を行っている市営住宅の庭などで、地上表面の放射線量を下げるための抜根の方法などを指導した。

除染後は線量が半減するなど、参加者に目に見える形で除染の効果を指摘した。

コンクリート面やレンガ敷きなどさまざまな地面についても、特別な機械を使わずに除染の方法もアドバイスし、参加者が実際に除染に取り組んだ。

▲写真5 『福島民友』2013年9月30日付け記事

2 「除染は、できる」ことを証明する！

❶ 年間 1mSv 以下に、できる

(1)「年間 1mSv」の意味とは？

まず、「追加被ばく線量が年間 1mSv」を下回るには、家屋内と家屋外で、どこまで放射線量を下げる必要があるのか、を確認します。話がすこし複雑になるのですが、ここは基準の話なので、くわしく検討する必要があるのです。

除染の「汚染状況重点調査地域」の基準である年間 1mSv は、空間線量で 0.23μSv/h と説明されています。0.23μSv の内訳は、

① 自然界（大地）からの放射線量 → 0.04μSv

② 事故による追加被ばく放射線量 → 0.19μSv

①②の合計 → 0.23μSv

1 日のうちに、屋外に 8 時間、屋内（遮蔽効果 0.4 倍の木造家屋）に 16 時間滞在する、という生活パターンが仮定されており、

0.19μSv ×（8 時間＋ 0.4 × 16 時間）× 365 日 ＝ 1mSv/ 年

となります。

ところで、私たちが観測する放射線量は、自然放射線量と、事故によるものの合計量しか測れません。

また、1m 高さの空間線量は、外部からの影響を受けやすいので、小面積除染をしても、ほとんど下がりません。

そこで、現実に測定できる除染目標値として、屋外の場合は表面線量（高さ 0cm の線量）を **0.3μSv/h 以下**（対応する空間線量は 0.23μSv/h 以下）、屋内では平均的空間線量を **0.1μSv/h 以下**を目標値とします。

鉛遮蔽体使用表面線量では、面的除染が実施されたあとの線量を表しており、**0.15μSv/h 以下**を目標とします。

このような目標値をとれば、私たちが測定する実測値は、自然放射線も入っているので、「安全側として、年間追加被ばく線量 1mSv 以下」を、十分に保証できます。

(2)「公開除染実証実験」の成果

表1は、郡山市冨久山町久保田 52 町内において、2013 年 9 月 29 日に実施された「公開除染実証実験」の成果総括表です。

この表の左から 4 列目「除染後の遮蔽体使用表面線量（μSv/h）」の、アンダーラインの入った数値を見てください。これらの数値は、0.05 〜 0.14μSv/h の間にあり、平均は 0.096μSv/h です。除染後におけるこれらの数値は、0.23μSv/h を下回っているだけでなく、自然放射線量である平均 0.06μSv/h

▼表1 「公開除染実証実験」成果の総括表

局所的に除染した場所	除染前の表面線量（μSv/h）	除染前の遮蔽体使用表面線量（μSv/h）	除染後の遮蔽体使用表面線量（μSv/h）	遮蔽体使用表面線量の除染による低減率（%）	除染方法
道路ガードレール下のホットスポット	1.46	0.82	<u>0.07</u>	91.5	土壌除去＋洗剤塗布＋ブラシング＋吸引
道路沿い雨樋下のホットスポット	6.77	2.69	<u>0.13</u>	95.2	土壌除去＋洗剤塗布＋ブラシング＋吸引
市営住宅玄関前のコンクリートたたき	0.42	0.17	<u>0.09</u>	47.1	洗剤塗布＋ブラシング＋吸引
市営住宅玄関前のレンガ敷石	0.59	0.22	<u>0.14</u>	36.7	溝掻き＋洗剤塗布＋ブラシング＋吸引
市営住宅玄関横のバラス	0.84	0.33	<u>0.1</u>	69.7	水洗浄分級＋埋め戻し
市営住宅ベランダの床	0.13	0.08	<u>0.05</u>	37.5	洗剤塗布＋ブラシング＋吸引
市営住宅ベランダ側の芝生、雑草地	0.93	0.34	<u>0.09</u>	73.5	抜根＋堆肥化減容

注：使用する洗剤は、太陽油脂製のクエン酸入り天然界面活性剤である

に近い値です。

今回の「公開除染実証実験」が実施されたすべての場所において、「除染した局所的場所においては年間 1mSv 以下を達成できること」が証明できたことになります。

ただし、条件がついています。これらの数値が、遮蔽体を使用した測定値であることです。つまり、「面的に除染がなされた場合の数値」という意味です。

局所的には達成されましたが、「広い範囲をこの方法で除染することができるか」という、次なる「課題」が待ち受けています。

ともあれ、局所的にしろ、「年間 1mSv を下回り、自然放射線量の事故前の環境に近づくことができる」と証明されたことは、大きな成果です。

❷ 事故前の自然放射線量の状態に、戻ることができる

表 1 を見ると、もうひとつの成果が読みとれます。

除染前後の表面線量を比較すると、「**高線量は一気に低線量へ低下している**」、「**低線量はより低線量に低下している**」という特徴があります。

郡山市冨久山町久保田は、年間 3mSv 付近の「中線量汚染地域」です。そこで目標が達成できることがわかったのですが、例えば、年間 1mSv 以下の低線量地域では、「より低線量にできること」の可能性が見えてきました。

表 1 に示す除染法は、「**繰り返し実施すれば、着実に低下させることができる**」こともわかってきました。

❸ 高線量地域でも、着実に低減させることができる

年間 5mSv を上回るような高線量地域でも、「低線量へ下げられる」ことが可能だと考えられるのです。

10μSv/h を 5μSv/h にできる除染法と、0.2 μSv/h を 0.1μSv/h にできる除染法では、低減率は 50% で同じですが、除染技術としては、質的に異なります。前者は 5 以下にできませんが、後者は 10 を 0.1 にすることができ

るのです。

高圧水洗浄、反転耕などの「拡散、混合の技術」は前者であり、**濃縮して吸収・吸着する除染法**は、後者です。

私は飯舘村へ通い、除染モデルを構築していますが、**除染法としては、高線量地域でも同じ**です。

ただし、作業被ばく量、除染範囲、除去量の多さは異なるので、注意する必要があります。

❹ 面的除染は、できる

(1) なぜ「面的除染」が必要なのでしょうか？

小面積範囲の除染をおこなったとき、常に経験することですが、1m高さの空間線量は、ほとんど低下しません。それは、まだ除染していない周囲からのγ線が、除染した中心部にまで侵入してくるからです。

このような影響は、除染する広さによってどのようになるのか、知る必要がありました。文献調査では、日本放射線安全管理学会が2011年10月3日に発表した「放射性ヨウ素、セシウム安全対策に関する研究報告5」に、面積を変えて除染した場合の、中央部におけるγ線侵入の影響を、シミュレーション計算していました。

その数値を参考にしながらも、実測値はどうなっているのか気になって、広域的に放射能汚染がある飯舘村の水田で、完璧に小面積を除染した場合、除染中央部のγ線測定値は、周囲からどれくらいの影響を受けているか（%）を実験しました。実測値と、日本放射線安全管理学会による計算値は、あるていど近い値でした。

除染前の1m高さ空間線量が3.2μSv/hであり、それを100%とした場合の除染後の影響(%)を見てみましょう。**表2**に、種々の面積で完璧に除染（土壌を50cm程度除去する）した場合、その中央部で放射線量を測定した結果が、外部からどれくらい影響（%）を受けているかを計算しました。

小面積除染の後の外部からのγ線影響測定結果からわかったことを、以下

▼表 2　種々の面積で汚染水田を完璧に除染した場合、その中央部における放射線量が、外部からどの程度影響を受けているかを表した数値（%）

測定高さ（cm）	除染前の初期状態（%）	1m × 1m の範囲を除染した中央部での、外部からの影響（%）	4m × 4m の範囲を除染した中央部での、外部からの影響（%）	20m × 10m の範囲を除染した中央部での、外部からの影響（%）
100	100	96.1	78.8	33.2
50	121.8	98.7	65.1	27
0	139.1	40.4	33.7	22.5

にまとめて説明します。

(1) 20m × 10m の敷地を完璧に除染したとしても、周囲が汚染されていれば、空間線量で 33.2%、表面線量で 22.5% の**外部γ線侵入の影響を受けます**。

(2) 住宅地域では、ガラス窓や板壁などから外部γ線が部屋の中へ侵入しているので、周辺道路、雑草地などをふくめた「**面的除染**」をすることが大切です。

(3) 1m × 1m のミニ除染をおこなうことがよくありますが、1m 高さの空間線量は 96.1% の影響、すなわち、除染後に、放射線量はわずかに 4% 程度、低下するだけです。地面などの表面線量については、影響が 40%（線量は 60% 減）であるので、除染効果のいちおうのめやすになります。

(4) 以上のような外部からのγ線侵入の影響を考慮すると、**鉛遮蔽体**（詳しくは 43 ページ参照）**を使用する意味**は、以下の 2 点において、重要です。

① 小面積除染後、遮蔽体を使用して除染前後の放射線量を比較すれば、除染効果がその場で明確にわかります。除染を実施する住民にとって、「除染効果がその場でわかる」ことは、きわめて大切です。効果が確認できない除染は、普及しないのです。

② 鉛遮蔽体使用測定値は「**面的除染を実施後の測定値**」を表しています。そのため、たとえば事故前の 0.06μSv/h に近づけていく目標値として、「**遮蔽体使用で 0.1 以下にする**」という目標設定は、現実的に測定可能であり、有効です。

(2) 公開除染実証実験の成果として「面的除染は、できる」

除染活動をしていると、一部の狭い範囲を除染しても、周囲からγ線が侵入するため、放射線量が思うように下がらない、という経験をよくします。

1mSv 以下を通過点として、事故前の放射線量に戻るためには、「面的除染」が不可欠です。

25 ページの**表 1** を見るとわかりますが、住宅周辺の汚染項目である、コンクリート、敷石、バラス、雨水升、雑草、通学路などの除染法が、有効に実施できることがわかりました。

本書の第 2 章「適切な除染方法とは？」では、**水田、田畑、山林、水底、水みちなどの除染法**を、紹介します。これらの手法を駆使すれば、あらゆる汚染素材に対処することが可能であり、「**面的除染は、できる**」のです。

❺ 住民の手で、除染はできる

(1) 地元住民が、なぜ除染を実施しなければならないのでしょうか？

原発事故は、被害者に**何重もの理不尽**をもたらしました。

最大の理不尽は、子どもたちを含めた多くの住民が、長期低線量被ばくを強いられて生活していることです。

東電は除染に手がまわらず、政府や自治体のとりくむ除染も大幅に遅れ、2 年半が経過しても、見るべき成果をあげていません。

住民が除染を実施しなければならない事態も、除去物を近場に置くしかない事態も、理不尽です。

しかし、最大の理不尽を突破するためには、第 2、第 3 の理不尽をのり越えるしか、方法がないのです。「**降りかかる火の粉は、自らふりはらわなければならない**」のです。

住民が除染を実施する場合、自主的に早く実施できますし、除染効果をあげるための種々の工夫をすることができます。

被ばく防止の訓練を受けた地元住民が、主体的に除染活動に参加します。

これは新たな「**住民自治**」と言えるでしょう。古（いにしえ）からあった「結（ゆい）」のような形かもしれません。戦後に各町内会で実施された「大掃除」の現代版かもしれません。

ただし、専門業者や他地域のボランティアも参加することが望ましいのです。

(2) 除染コストは、どれくらいかかるのですか？

新聞報道などで、除染に要する費用は、仮置き場や中間貯蔵地まで含めると、6 兆円〜 10 兆円と算定され、天文学的な額です。

福島県の除染要綱には、面積あたりの費用が掲載されており、田畑は 1 反あたり 100 万円、住宅は 1 軒あたり 70 万円などとされています。

今回の実証実験での正確なコストは、今のところ、申しわけありませんが、まだ正確には算出できていません。除染システムとして完成度をあげるため、早急に詳細な費用計算をしたいと考えています。

しかし、使用される機械、器具、消耗品は、日常的に使用しているものばかりであり、高いものは見当たりません。

本書中の除染方法の写真を見ていただければわかりますが、ゼネコンや専門業者に委託されている除染コストより「はるかには安い」ことは、一目瞭然です。

とくに、「**安全容器を近場に置く**」**ことのコスト削減効果**は大きいのです。「仮置き場」、「中間貯蔵地」はいずれ、最終処分地に運ぶことになり、「**迂回除染**」です。それらのコストは、“むだ”の典型です。

本書の除染法では、近場に置いた除去物は安全容器に一時保管し、最終的にはそこから直接に最終処分地へ運ぶことになります。

(3) だれが、どのように、除染費用を負担するのですか？

事故の第一義的責任は東電にあり、原発を推進してきた政府にも、責任はあります。したがって、除染費用は、東電が支払うべきものです。

ただし、東電は事実上、経営破たんしており、一部は東電に請求されるものの、政府が一時的に国民からの税金を使用して立て替えるしか、方法はありません。

現在、年間 20mSv を超える 11 市町が「**特別除染地域**」に指定され、そこについては、政府が責任をもって除染計画をたて、除染実施者としてはゼネコンに委託され、政府が立て替えるかたちで支払われています。

一方、年間 1mSv を超え、20mSv を下まわる 102 市町村については、「**汚染状況重点調査地域**」として、地元市町村が除染計画をたて、専門業者に委託され、国から市町村を通じて、専門業者に支払われるしくみになっています。

ごぞんじのように、「特別除染地域」においてゼネコンが実施し、「汚染状況重点調査地域」において専門業者が実施している除染は、実績として見るべき成果をあげていません。その意味では、「費用対効果」は悪いのです。

本書で提案する「住民参加型除染」は、面的にも実施できて低減率を保証できるので、ゼネコンや専門業者が実施している場合と、「同等の経費」が支払われるべきです。

郡山市では、各町内に数十万円の助成金を支給し、高圧水洗浄器などの購入費にあてています。

しかし、今回のような「実証実験」を面的に実施するような除染は、その範囲、低減効果において専門業者委託の除染を超えるレベルであり、当然、費用の全額を、自治体がいったんは立て替えて支払うべきです。

そうしないと、とても「面的除染」は実施できません。そして、自治体は、その立て替え費用を国（および東電）に請求すべきなのです。

この仕組みができるかどうかが、実は町内会単位の「**住民参加型の面的除染**」が現実になるかどうかの鍵になっています。

❻ 除去物は、近場で安全に、一時保管することができる

（1）除去物は、近場に置こう！

口絵①にあるように、除去物はプラスチックドラム缶に入れて、それを例えば「ツーバイフォー砂詰め外囲い」すれば、中の汚染物の表面線量が 2μSv/h 程度あっても、外側では 90% カットされて、0.2μSv/h 以下にできます。

① 放射性物質は、漏らさない
② γ線は、安全レベルに低減できる
③ 安全容器の外側のγ線は、遮蔽できる
④ 仮置き場、中間貯蔵地が確保できなくても、除染ができる

ということで、「**近場に一時保管しても安全ですから、そのほうが早く除染ができるのですよ**」、「**逆に、近場に置けないと、除去物を持っていく場所がないので、除染はどうしても遅れますよ**」と説明できます。

安全保管容器をどのような場所に置くのか、そのイメージを**口絵③**に示します。住宅敷地の境界、道路端や中央分離帯などに安全容器を並べておくことになります。プラスチックドラム缶の独立型、「ツーバイフォー砂詰め囲い」が基本です。歩道と大きな道路の分離帯には、「プランター囲い」でγ線を遮蔽することもできます。

安全容器は、その外側に除去しにくい汚染（たとえば山の斜面、土手や放置された排水路などの汚染）があれば、その前に安全容器を置くと、γ線遮蔽効果があるのです。

口絵④の上は、都市部の住宅周辺におけるγ線侵入と遮蔽の様子です。**口絵④の下**は、中山間地におけるγ線侵入と、安全容器による遮蔽の様子です。

(2) 種々の素材のγ線透過率は、どのような原理で計算できるのか？

口絵②の、建物、屋根、垣根などに記入してある数値は、γ線透過率です。

和風瓦の透過率は、**口絵②**では「0.85」になっています。これは、和風瓦の表面線量が、例えば 2μSv/h とすると、屋根裏へは 2 × 0.85 = 1.7μSv/h が侵入することを意味しています。すなわち、透過率 0.85 というのは、汚染源からのγ線の 85% は透過して、15% がカットされるのです。

さらに、安全容器の中に入れた汚染除去物の表面線量が 2μSv/h でも、外側では透過率 0.1 で、2 × 0.1=0.2μSv/h にまで減衰する、と説明しました。

このような遮蔽材の透過率は、座質の密度（g/cm^3）と厚さ（cm）が決まると、計算できます。

その原理を、以下に説明します。数式が出てきて、すこし難しいかもしれ

ませんが、安全容器の透過率、種々の素材のγ線透過率がかんたんに計算できるため、大変便利です。

γ線は、波長の短い電磁波であるとともに、光子でもあります。γ線は、透過しようとする物質と、以下の3種類の作用によって、光子を減らして減衰しながら透過します。

① 光電効果（光子が原子に吸収されて、電子が放出される）
② コンプトン効果（光子が電子によって散乱され、向きとエネルギーが変わる）
③ 電子－陽電子対発生（光子が消滅して、電子-陽電子対のペアが生成される）

放射性セシウムから放出されたγ線が、厚さ（cm）と密度（g/cm^3）がわかっているある物質を透過するときの透過率Tは、以下の数式によって計算できます。

注：理論式、一部は実験式による誘導の詳細については、季刊『環』（藤原書店、2013年春号、365p）を参照してください。

半価層y（透過率が0.5になる材質の厚さ）がわかっているとき、任意の素材厚さxの透過率Tは、

$T = 0.5^{(x/y)}$ →①

で表されます。

半価層yと素材密度mの関係は、詳細な実測による実験結果より求めました。

$y = 8.51/m$ →②

①②より、素材の密度m、厚さxがわかると、透過率Tがかんたんに計算できます。

つぎに、素材が例えば3層の積層構造になっている場合、それぞれの層の素材透過率をT_1、T_2、T_3とすると、全体としての透過率Tは、

$T = T_1 \times T_2 \times T_3$ →③

▼表３　種々の材質の透過率Ｔと厚さ（cm）の関係

素材名	密度 (g/cm^3)	透過率0.5の厚さ (cm)	透過率0.1の厚さ (cm)	透過率0.02の厚さ (cm)
鉛	11.34	0.75	2.5	4.2
鉄	7.87	1.08	3.6	6.1
コンクリート	2.3	3.7	12.3	20.9
アルミ	2.26	3.77	12.5	21.3
石英ガラス	2.22	3.83	12.7	21.6
川砂＋水	1.93	4.41	14.7	24.9
川砂	1.5	5.67	18.9	32
ポリエチレンテレフタレート (PET)	1.38	6.17	20.5	34.8
水	1	8.51	28.3	48
生木	0.96	8.86	29.5	50
ポリエチレン	0.94	9.05	30.1	51.1
チーク材	0.65	16.37	54.4	92.4
乾燥スギ	0.4	21.28	70.7	120.1
粗め雪	0.5	17.02	56.6	96.1
新雪	0.12	70.92	235.7	400.3

で表され、積層構造の透過率もかんたんに計算ができます。

口絵②に記入してある、各素材の透過率は、上記の数式より計算したものです。

安全容器に使用されたり、環境中に存在する代表的な素材について、透過率が 0.5、0.1、0.02 のときの素材厚さ（cm）を、**表３**に示します。

例えば、水でも 28.3cm の厚さがあれば、γ 線は透過率が 0.1 であるので、90% カットされます。

放射線測定時に、鉛遮蔽体として 2.5cm 厚さを使用すれば、透過率 0.1、すなわち周囲からの影響を 90% カットできることになります。

安全容器の外囲いには、砂詰めをしますが、砂だけの遮蔽効果では

18.9cm で、透過率は 0.1 になります。

口絵④の γ 線遮蔽効果は、安全容器の密度と厚さがわかれば、計算できるのです。

(3) 二重円筒砂詰め型、プラドラ安全保管容器

超高密度ポリエチレン製の**プラスチックドラム缶（プラドラ）**（喜多方市の荒川産業取扱い製品）の中に、**波板でつくった二重円筒型**を入れて、二重円筒の外側には砂を、汚染物の表面線量に応じて 10cm から 15cm 詰めます。円筒の中には、汚染除去物をポリ袋に入れて、投入します。(⇒**写真 1**)

予備実験では、砂厚さ 10cm で、プラドラと砂を合わせた透過率は 0.1（90% カット）、15cm では 0.025（97.5% カット）でした。

汚染物の表面線量が 3μSv/h だと、砂 10cm で 0.3μSv/h に、10μSv/h の高い線量だと、15cm で 0.25 〜 0.3μSv/h へと低下させることができます。

これらの実測値は、計算結果とも近い値になります。

▲写真 1　二重円筒プラドラに汚染物（ポリ袋入り）を入れ、外側に砂を詰める

すなわち、**安全容器のγ線遮蔽率は事前に計算でき、汚染物の放射線量レベルに合わせて「設計製作」ができる**のです。このことは、「**容器外側に出てくるγ線をコントロールできる**」という意味で、きわめて重要です。

このように、安全保管容器を近場に置くことは、以下のように一石三鳥になります。

① プラドラの**表面線量は 0.2μSv/h 以下にでき、放射性物質を長期間閉じ込める**性能がある。

② プラドラ安全容器は、**外部のγ線を遮蔽する**。

③ **汚染除去現場に安全容器を置けば、仮置き場、中間貯蔵地問題がクリアでき**て、早く除染活動を開始できる。

(4) ツーバイフォー型砂詰め外囲い安全容器

二重円筒型プラドラの場合、200 リットルのプラドラ（喜多方市荒川産業）でも、中にいれる汚染除去物はその 40% くらいで、80 リットルしか入りません。

そこで、200 リットル近くまで汚染除去物を入れ、その外側にツーバイフォー砂詰め外囲いをすれば、多くの除去物を狭い面積で入れることができます。

ツーバイフォーとは、「2 インチ × 4 インチ」を基本規格として、種々の素材が開発され、住宅などの国際規格として広がったものです。その規格に合わせた多くの部材が既製品として販売されていますので、外囲い材として既製品を使用するさいに、たいへん便利です。

写真 2 は、キット化されたツーバイフォー型パーティクルボードを、ビス留めで現場で組み立て、中にプラドラ容器を入れているようすです。

写真 3 は、プラドラに、ポリ袋入り汚染土を投入したようすです。高濃度汚染土を中心部に、低濃度汚染土を外側に入れて囲むと、高濃度汚染土からのγ線遮蔽効果が高くなります。

実測による遮蔽実験の結果では、**プラドラと外囲いを合わせたγ線透過率**

◀写真２　キット化されたツーバイフォー部材による外囲い

▶写真３　プラドラの中に、ポリ袋入りの汚染除去物を投入する

◀写真４　外囲いに砂を詰めて、上部から見たようす

は 0.1（90% カット）でした。

汚染除去物の表面線量が 2μSv/h 以下なら、外囲い表面を 0.2μSv/h 以下に低減させることができます。

▲▶写真５　ツーバイフォー外囲いを、近場に置く

写真4は、外囲いに砂詰めをして、上から見たところです。プラドラの上部には、汚染されていない砂を10cm厚さで入れておき、上部からのγ線を遮断します。

写真5は、ふたを閉めて、安全容器を近場に置いているところです。

除去困難な汚染源の前に置くと、γ線を遮蔽効果があるので、

① **放射性物質を閉じ込める、**

② **外側からのγ線を遮蔽する、**

③ **近場に汚染物の置き場が確保できる、**

という**一石三鳥**になります。

(5) ツーバイシックス型砂詰め外囲い安全容器

「2インチ×6インチ」を基本規格とした「ツーバイシックス」部材を使用した安全容器を、愛知県にあるドリーム・プロジェクト（トレーラーハウスのメーカー）と共同開発しています。

この安全容器は、連結することも可能であり、遮蔽効果も大きいし、耐久

性もじゅうぶんあるので、**高線量除去物の大量保管用**に適しています。

住宅用のサイディング（外壁材）を使用し、厚さ14cmの砂を詰めて、箱形を形成しています。体積は約1m³で、汚染除去物をポリ袋に入れてそのまま投入すると、γ線透過率は0.1（90%カット）、プラスチックケースに入れて投入すると、透過率は0.05（95%カット）です。

写真6は、「ツーバイシックス」型外囲いを、上から見たところです。

▶写真6　「ツーバイシックス外囲い」を上から見たようす

◀写真7　安全容器を、市営住宅団地裏側の雑草地へクレーンで釣り上げて設置する

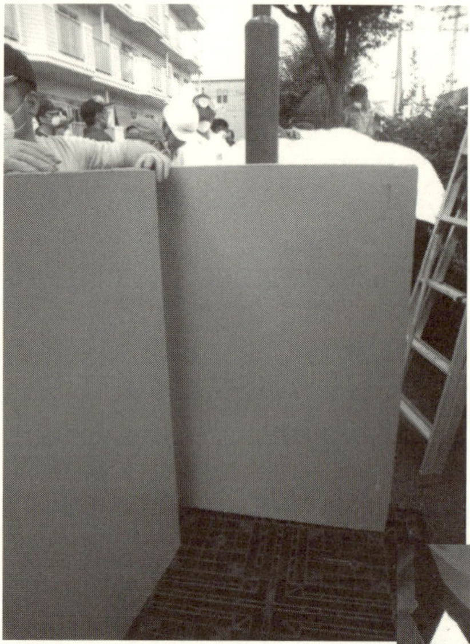

▲写真８　現場で「ツーバイシックス外囲い」を組みたてる

▼写真９　除去された汚染雑草を、ツーバイシックス外囲いの中に入れる。牛糞などとサンドイッチ状に混ぜておいておくと、雑草は堆肥化されます。減容後は、プラドラ容器に入れて保管します

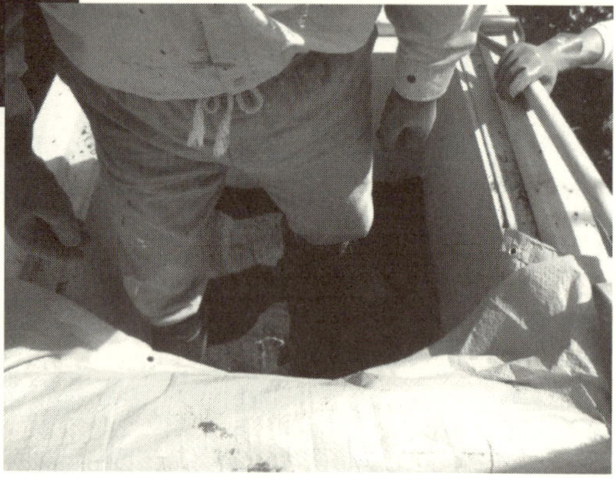

写真７は、ツーバイシックス外囲いをクレーン車で釣りあげ、汚染除去現場へ設置しているところです。

これまでの容器と同様に、近場へ置けば、一石三鳥です。

完成品の搬入がむずかしい場所では、現場に部品、部材を持ち込んで組み立てることも可能で、**写真８**は現場で組みたてているところです。

写真９に示すように、汚染された根つき雑草などの堆肥化減容安全容器として使用することもできます。

3　住民参加型の除染方法

❶ 除染実施直前の作業手順と、被ばく防止説明会

除染実施**当日は、作業参加者を一堂に集めて、作業手順の要領と、作業被ばくの方法について、必ず説明する**ことが必要です。てきとうに始めてしまうのは、作業効率が悪く、作業被ばくの原因にもなります。

写真1は、被ばく防止と除染方法にかんする「事前の住民説明会」のようすです。町内会長の大泉兼房さんが、除染する場所の種類、場所ごとの時間設定、班分けなどを、説明しています。

▲写真1　作業直前の説明会（2013年9月29日、古町市営住宅集会所にて開催）

作業手順の説明は、以下の要領でおこないます。

① **作業手順書**（除染場所、使用する道具や薬品類、使用方法などを明記し、事前に作成しておく）を作成して、配布します。

② 作業に使用する**道具**を確認します。

③ 除染**場所ごとの作業人数**、**作業者名**を確認します。

④ 除染場所ごとの、**時間配分**を決めて、知らせます。

⑤ 作業班には**班長**を決め、作業の指示、被ばく防止の監視などをおこなうよう、指示します。高線量汚染場所の場合は、班長は積算線量計を保持して、被ばく線量を監視します。

除染作業にともなう被ばく防止策は、以下のように、「**内部被ばく防止**」と「**外部被ばく防止**」に分けて、説明します。この二つを区別することは、大切です。

（1）内部被ばく防止策

① **粉じん防止能力の高いマスク**を着用する

② **ゴム手袋**を着用する

③ **長靴**をはく

④ **洗濯可能な作業着**を着用する

⑤ 作業後は**手を洗い**、マスク、ゴム手袋は回収し、まとめて保管・廃棄処理をする

⑥ 作業服、長靴は、**洗濯**、**洗浄**する

⑦ 作業中は、**飲み食いをしない**

⑧ **乾燥時は汚染源に水をかけ**、拡散させずに吸引する

（2）外部被ばく防止策

① 高線量汚染源に**近づく時間を、極力短くする**

それには、計画的な作業で、効率をよくすること、休憩時には汚染源を離れること、機械化できるところは機械化する

② **汚染源から距離をおく**こと。作業道具は、柄のあるものを使用する

③ 可能であれば、**γ線遮蔽効果のある遮蔽板**、**機械**を使用する

④ 休憩時は、汚染源を離れる

❷ 測定には、鉛板遮蔽体の使用が、なぜ必要なのか？

小面積除染と面的除染の低減効果を、現場で測定し確認するためには、**鉛遮蔽体**を使用しないと、外部からのγ線の影響と区別することができません。

私が作成した、さまざまな鉛遮蔽体を、**写真1**に示します。左から、

① 長方形断面測定機用（手作りで1万円程度）
② 二段式二重円筒型（手作りで1万円程度）
③ 鋳型式二重円筒遮蔽板（鋳物工場に注文製作で15万円程度）
④ 鉛平板巻き型（手作りで2万円程度）

写真1のうち、現在現地で使用しているものは、**写真2**に示す「二段式二重円筒型」です。

これは、**シンチレーション・サーベイメータ**用で、普及版の鉛遮蔽体です。手前の1mm厚さ鉛板を塩ビパイプに巻きつけて、テープで固定しています。二段式の鉛円筒厚さはそれぞれ1cmで、合計2cmの厚さになっています。

2cm厚さ鉛のγ線透過率は0.16（84%カット）であるので、まだ外部16%の影響を受けています。

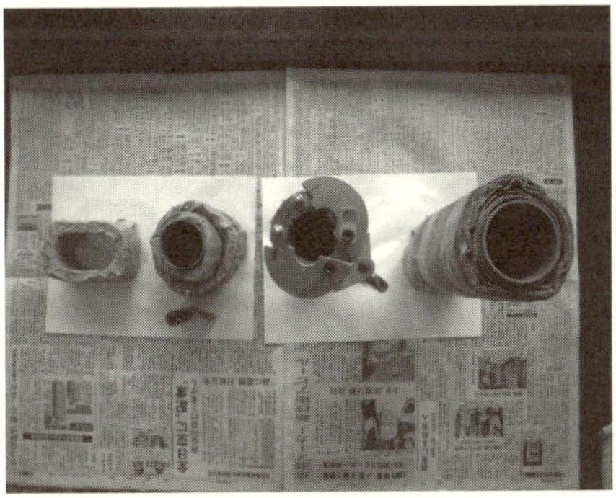

▲写真1　さまざまな鉛遮蔽体

▲写真2　二段式二重円筒型鉛遮蔽体
（測定部の鉛厚さは2cm）

表1　通学路ガードレール下のホットスポット測定値

測定高さ (cm)	除染前の線量 (μSv/h)	除染後の線量 (μSv/h)	低減率 (%)
100	0.37	0.29	21.6
50	0.39	0.28	28.2
0	1.46	0.28	80.8
鉛遮蔽体使用0	0.82	0.07	91.5

▶写真3　鉛遮蔽体を使用した測定のようす（飯舘村深谷の水田での表面線量は、4μSv/h 程度）

ネット販売で1mm鉛板を購入して手作りすれば、1万円で製作できます。

一方、**写真3**は、現地で鉛遮蔽体を使用して、シンチレーション・サーベイメータで測定しているようすです。

大きなポリ袋に鉛遮蔽体を入れて、遮蔽体の中にシンチレーション・サーベイメータの検出部を投入し、メータの測定値を読みとります。

重さは5kgで、持ちはこびも簡便です。

ポリ袋のまま、水中に投入して、測定することも可能です。

今回の道路のホットスポット除染（**口絵①**参照）の結果から、鉛遮蔽体測定値の意味を考えてみましょう。（⇒**表1**）

① 高さ1mの空間線量は、除染後も外部からのγ線影響でそれほど低減しません。

② ホットスポット除染では、高さ0cm表面線量の低下率は80.8%と、かなり高いですが、まだ除染していない外部からの影響を受けています。

③ 遮蔽体使用では、外部からのγ線影響を少なくしているので、低減率

が 91.5% と高く、正味の低減率に近いのです。また、除染後の放射線量は 0.07μSv/h と自然放射線量に近く、面的にこのような除染をおこなえば、「事故前の状態へ戻れる」ことを意味しています。

❸ 通学路ホットスポットの除染法

通学路ホットスポットの実験場所は、郡山市冨久山町ホームセンター雨樋下の**高濃度汚染土壌**（長さ 21m、幅が約 1m）です。（⇒**写真 1**）

道路がわに 5 本の雨樋があり、屋根から集められた放射性物質が、土壌に高濃度で蓄積され、表面線量が 30μSv/h を超えている箇所がありました（⇒**表 1**）。

▲写真１　雨樋下のホットスポット

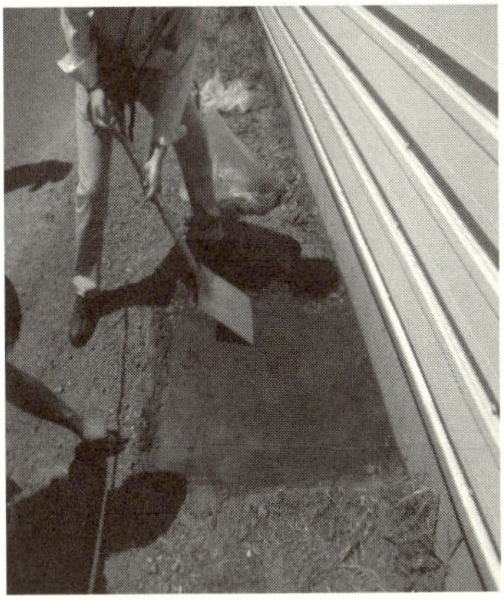

▲写真２　スコップで汚染土壌を除去

表１　雨樋下の汚染土壌の測定値（μSv/h）

※4 番目の雨樋下では、測定器のフルスケールである 30μSv/h を、遮蔽体使用でも超えた

測定高さ（cm）	向かって１番左側の雨樋下土壌（μSv/h）	2 番目の雨樋下土壌（μSv/h）	3 番目の雨樋下土壌（μSv/h）	4 番目の雨樋下土壌（μSv/h）	4 番目の雨樋下土壌（μSv/h）
100	1.72	1.11	1.56	2.18	0.34
50	4.53	1.52	3.09	3.92	0.31
0	20.16	4.79	7.8	35	0.63
遮蔽体使用0	8.1	1.89	2.52	30以上※	0.2

▲写真３　クエン酸入り界面活性剤を塗布

▲写真４　ブラシング後、乾湿両用掃除機で吸引

表２　通学路ホットスポット除染前後の放射線量と低減率（%）

測定高さ（cm）	除染前の線量（μSv/h）	除染後の線量（μSv/h）	低減率（%）
100	1.52	0.64	57.9
50	2.38	0.76	68.1
0	6.77	0.36	94.7
遮蔽体使用0	2.69	0.13※	95.2

まず、汚染土壌をスコップで除去し、ポリ袋に入れてから、プラスチックドラム安全容器に入れて、除去現場へ保管します。（⇒**写真2**）

つぎに、**写真3**に示すように、クエン酸入り界面活性剤を塗布し、5分間放置してから、ていねいにブラシングします。

そして、**写真4**のように、ブラシング後は乾湿両用掃除機で、ていねいに汚染洗剤を吸引します。

汚染土を除去した場合の除染前後の放射線量と低減率（%）を、**表2**に示します。

表面線量が 6.77μSv/h であったものが、0.36μSv/h にまで低下しているので、かなりの低減効果です。安全容器の表面線量も、0.3μSv/h 以下にできます。

このような**高線量ホットスポットは放置せず、早期に見つけて優先的に除染する**必要があります。

遮蔽体使用で、除染後に 0.13μSv/h に低下しているので、**除染前の高線量汚染でも一気に低線量になっている**ことがわかります。

❹ 汚染コンクリートの除染法

郡山市冨久山町古町の市営住宅団地玄関前のコンクリート製の“たたき”を除染しました。

ここの場合、**写真1**のように、表面が変色している部分が汚染されていました。汚染されている部分の表面線量は 0.42μSv/h、奥の部分は 0.23μSv/h です。(ここは団地の玄関さきで、子どもたちが汚染されたコンクリートに

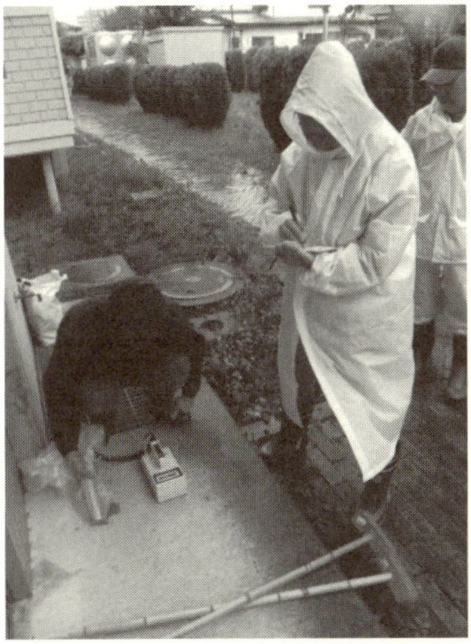

▲写真1　除染する前のようす。色が変色している部分は、汚染されています

▲写真2　汚染された部分にクエン酸入り界面活性座をトスして、5分間放置する

▲写真３　デッキブラシでブラシングする

▲写真４　浮かび上がってきた汚れを、乾湿両用掃除機で吸引する

▼表１　除染前後の放射線量の比較

測定高さ（cm）	汚染されたコンクリートの放射線量（μSv/h）	除染後のコンクリートの放射線量（μSv/h）	汚染されていない奥部コンクリートの放射線量（μSv/h）
コンクリート表面（0cm）	0.42	0.25	0.23
コンクリート表面、遮蔽体使用（0cm）	0.17	0.09	0.09

すわりこんで話し合っているのをみかけます。）

写真２は、表面が変色している部分にクエン酸入り界面活性剤を塗布して、5分間（汚れがひどい場合は10分程度にする）放置しています。汚染物が界面活性剤に溶け出し、少し色が変わってきます。

つぎに、**写真３**のように、デッキブラシでていねいにブラシングします。すると、コンクリート表面の汚れが、界面活性剤に洗い出されて、緑色が浮き上がってきます。

写真４は、ブラシングしたあとに乾湿両用の掃除機で、界面活性剤に浮か

び上がってきた汚れを吸引しているところです。界面活性剤の乾燥が進んでくるので、少し水をかけながら吸引するほうが、よく汚れがとれます。

表1は、除染前後の表面放射線量の比較です。除染後は、表面線量が0.25μSv/hで、低減率は47%でしたが、この数値は周囲の汚染の影響を受けています。

遮蔽体使用では0.09μSv/hまで低下し、汚染されていないコンクリートと同等の数値になっています。

除染後の放射線量は0.09μSv/hで、事故前の放射線量近くまで低下しています。

❺ バラスや雨水升(ます)など、混合汚染物の「水洗浄分級法」

玄関横のバラス土の表面は、**写真1**に示すようにバラスと雑草があり、その下には微細岩石成分の粘土層があります。**粘土層に放射性セシウムが優先的に吸着されています。**

これらの混合物を「**水洗浄分級法**」で分離し、粘土成分は安全容器に保管し、雑草は堆肥ボックスへ入れ、バラスは放射線量が低いので埋めもどし、非汚染バラスで表面をカバーします。

▲写真1　玄関横のバラス汚染土

▲写真2　雨水升（バラスの下が汚染されている）

▼表１　バラス、雨水升（ます）における、除染前の高さ別放射線量の測定結果（μSv/h）

測定高さ（cm）	バラス（μSv/h）	雨水升（μSv/h）
100	0.37	0.5
50	0.47	0.76
0	—	1.97
バラス表面	0.84	8.3
バラス除去後の汚染土表面	0.25	17.4

▲写真３　汚染バラスをプラスチック製買い物かごへ入れて、水で洗う

▲写真４　水洗浄分級器で、砂、微細粒子を分級

雨水升の底面は、**写真２**に示すようにバラスで覆われていますが、その下には微細な汚染泥が深くまで存在しています。水洗浄分級法で生じた汚染泥は分離して安全容器へ、バラスは放射線量が低いので元へ埋め戻し、非汚染バラスで表面をカバーします。

バラスと雨水升の放射線量測定値を、**表１**に示します。

除去した汚染バラスを、**写真３**のように**プラスチックケースに入れた買い物かごに投入して、スコップなどでかきまわし、水道水で洗浄**します。洗浄が終わったバラスは、埋め戻して使用します。

▲写真５　繊維フィルターで雨水升の微細粒子を濾しとる

▼表２　バラス土における、除染前後の放射線量比較と低減率（%）

測定高さ（cm）	除染前（μSv/h）	水洗浄分級後に洗浄されたバラスを埋め戻す（μSv/h）	低減率（%）	洗浄されたバラスのみの表面線量（μSv/h）	沈殿槽堆微細粒子の表面線量（μSv/h）
バラス表面（0cm）	0.84	0.36	57.1	0.48	1.2
バラス表面で遮蔽体使用	0.33	0.1	69.7	—	—

買い物かごからこぼれ落ちた、砂や微細汚泥の混合した汚染水は、**写真４**のように**水洗浄分級器へ投入し、スコップなどでかきまぜて洗浄**します。砂分は水分級器水槽の底に沈殿し、微細粒子は仕切り板のＶ字溝から沈殿槽へ流れだし、堆積します。シルトなどは、沈殿槽からも蛇口を通じて流れだします。

沈殿槽からの放流水には微細粒子成分が入っているので、**布フィルターで濾しとり、回収して安全容器に保管**します。布フィルターでろ過されるので、水から放射性セシウムはほとんど検出されません。

表２に、除染後のバラス土の放射線量と低減率（%）を示します。

除染後の遮蔽体使用では、0.1μSv/h まで低下しています。

❻ レンガ敷石の除染法

敷石は、住宅敷地内や歩道などに多く使用されており、重大な汚染源となっています。

放射性セシウムは、敷石素材に浸透しているだけでなく、敷石のあいだの溝に深く入りこんでいるので、**除染効果が上がりにくい素材の代表**です。

写真1では、**ブラシで敷石間の汚染物をかき出し**ています。この作業をていねいにしないと、放射線量は下がりません。

写真2は、溝のあいだとレンガ表面をブラシングした後に、**乾湿両用掃除機の細い吸い口で吸引**しているようすです。

写真3は、**クエン酸入り界面活剤を塗布して、5分～10分間、放置**します。汚染物が深く浸透しているほど、放置時間を長くとる必要があります。

写真4は、**デッキブラシでていねいにこする**と、ベージュ色の汚染物が泡に溶けて、浮かび上がってきます。

写真5では、**泡に浮き上がってきた汚染物を、乾湿両用掃除機でていねいに吸引**します。界面活性剤が乾いてきた場合は、少し水をかけながら、乾湿両用掃除機で吸引すると、よく吸引します。

敷石の溝の微細粒子が取りきれていないので、これ以上の低減を目指す場合は、敷石をはがして洗浄し、元へ戻す方法があります。

表1のように、遮蔽体使用で0.14μSv/hに低下しているので、まずまずの低減結果です。

▼表1　敷石における、除染前後の表面放射線量の比較と低減率（%）

測定高さ（cm）	除染前の表面線量（μSv/h）	レンガ表面と溝をブラシングし吸掃除機による吸引（μSv/h）	低減率（%）	クエン酸入り界面活性剤塗布＋ブラシング＋吸引（μSv/h）	低減率（%）
0cm	0.59	0.49	16.9	0.34	42.4
遮蔽体使用 0cm	0.22	0.19	13.6	0.14	36.7

◀写真１　細いワイアブラシで、溝のあいだに入りこんでいる砂や微細粒子をかき出す

▼写真２　かき出した砂などを、掃除機で吸引している

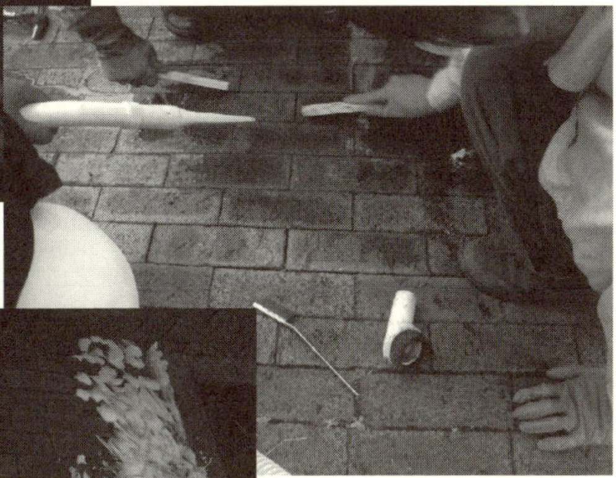

▼写真３　クエン酸入り界面活性剤を塗布して、５分放置

▲写真４　デッキブラシでていねいにブラシング

▲写真５　泡に浮き上がってきた汚染物を、乾湿両用掃除機でていねいに吸収する

❼ ベランダの除染法

ベランダはリビングと接しており、汚染されていると、**部屋のなかへ至近距離からγ線が侵入するので、ていねいに除染しなければなりません。**

ベランダの雨水溝、床面、鉄柵下、アルミサッシガラス戸の枠などが、汚染されています。

写真1からは、ベランダの床などに微細泥が付着しているようすがわかります。

写真2は、ワイアブラシで表面の泥を落としているところです。

アルミサッシ窓枠、ベランダ床面、雨水溝、鉄柵下などに、クエン酸入り界面活性剤を塗布して、5分間放置するところを、**写真3**、**写真4**に示します。

つぎに、デッキブラシでていねいにブラシングするようすを、**写真5**に示します。

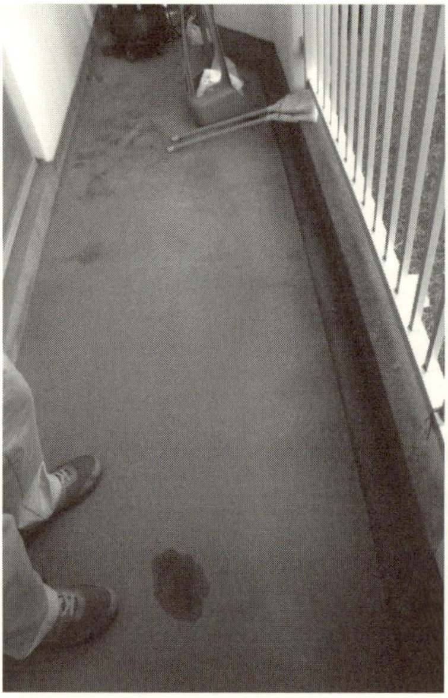

▲写真1　除染前のベランダ

▲写真2　ワイアブラシで床、溝、鉄柵下に付着している微細泥をこすり取る

▲写真３　クエン酸入り界面活性剤を塗布して、５分間放置する

▲写真４　アルミサッシ枠などにも界面活性剤を塗布する

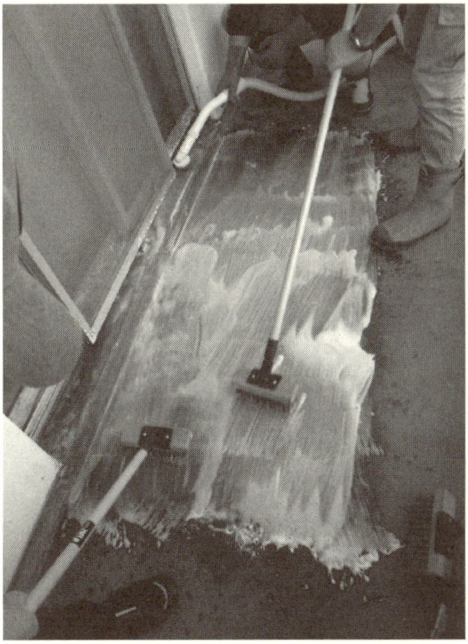

▲写真５　デッキブラシで、ていねいにブラシング

▲写真６　乾湿両用掃除機で吸引する

▼表1　ベランダと雑草の除染実施後における、ベランダの放射線量と低減率（%）

測定高さ（cm）	窓際の放射線量（μSv/h）	除染後の窓際放射線量（μSv/h）	低減率（%）	鉄柵部内側の放射線量（μSv/h）	除染後の鉄柵部の放射線量（μSv/h）	低減率（%）
200	0.24	0.18	25	—	—	—
150	0.23	0.16	30.4	—	—	—
100	0.23	0.14	39.1	0.48（鉄柵の上）	0.3	37.5
50	0.16	0.12	25	0.44（鉄柵下コンクリート）	0.23	47.4
0	0.13	0.11	15.4	0.35（溝）	0.15	57.1

写真6は、乾湿両用掃除機でていねいに汚染泡を吸引していくところです。すると、もとの床の緑色が明確に表れてきます。

高さ50cmより低い場所では、ベランダの除染効果が大きく寄与しています。

100cmより高い場所では、ベランダ除染と雑草除染の効果が重ねあわされています。

除染後は、窓ぎわで、1m空間線量が0.23μSv/hから0.14μSv/hに低下しているので、雑草地の除染面積を広域にすれば、もっと低下するものと想定されます。

❽ 室内に侵入するγ線を、どのように低減させるのか？

1日のうち3分の2を室内ですごすとすると、**室内に侵入するγ線は、被ばく線量を大きく上乗せする**ことになります。年間1mSv以下にするためには、**部屋のなかの空間線量を、平均で0.1μSv/h以下に低減させる必要がある**のです。

そこで、今回公開除染実証実験を行った、郡山市古町市営住宅――3階建

▼表1　雑草地、ベランダ、室内の放射線量（μSv/h）

測定高さ（cm）	ベランダから3m離れた雑草地中央（μSv/h）	地上から床まで1m高さのベランダ上の鉄柵内側（μSv/h）	ベランダとリビング境界内側（アルミサッシを開放）（μSv/h）	ベランダとリビング境界内側（アルミサッシを閉める）（μSv/h）	リビング中央部（μSv/h）	ベランダと反対方向に面している台所窓際（μSv/h）
200	0.45	0.31	0.23	—	0.14	—
150	0.46	0.35	0.21	0.2	0.13	0.16
100	0.61	0.34	0.21	0.2	0.13	0.13
50	0.69	0.35	0.15	0.16	0.11	
0	0.93	0.32	0.12	0.13	0.13	0.11

て集合集宅の1階にあるリビング、台所の事例除染事例で説明します。

ベランダ側に位置するリビングへは、汚染されたベランダからと、雑草地からのγ線が侵入しています。

雑草地中部の1m空間線量は0.61μSv/h、ベランダ鉄柵部の1m高さでは0.34μSv/h、リビングのガラス戸で0.21μSv/h、リビング中央部で0.13μSv/hでした。

▲写真1　ベランダ側雑草地から見た市営住宅

写真1は、古町市営住宅団地の雑草地から見たようすです。

表1は、雑草地、ベランダ、室内の放射線量測定値です。

リビング中央部より、アルミサッシ窓ぎわが約0.07μSv/h高くなっているのは、ベランダおよび雑草地からのγ線が侵入している影響と考えられます。

▲写真２　地元住民による雑草地除染

▲写真３　ベランダの除染

この影響を少なくするためには、雑草とベランダの除染が必要です。

アルミサッシ窓の開閉前後で線量に変化がないのは、**窓ガラスではγ線遮蔽効果がほとんどない**ことを示しています。

ここで、雑草地の高さは、ベランダより 100cm 低い地面からの高さであることに注意してください。

そこで、部屋の中にγ線が侵入している汚染源となっている雑草地（10m × 10m）とベランダを除染しました。**写真 2、写真 3** のとおりです。

ベランダと雑草地の除染を実施すれば、部屋の中へ侵入するγ線をどれくらい低減することができたのでしょうか？

雑草地とベランダ鉄柵部境界のベランダ 1m の空間線量で、除染後は 0.07 μSv/h が低減しました。リビングとベランダ境界においても、除染後は 0.07 μSv/h が低減しました。

0.07μSv/h は、リビング中央部線量とベランダ境界部線量の差であるので、

▼表２　除染前後の放射線量の比較

測定高さ（cm）	地上から床まで 1m 高さのベランダ上の鉄柵内側（μSv/h）	ベランダと雑草除染後の鉄柵部の放射線量（μSv/h）	リビングとベランダ境界部の放射線量（μSv/h）	ベランダと雑草除染後の、リビングとベランダ境界部の放射線量（μSv/h）
100	0.34	0.27	0.21	0.14
50	0.35	0.24	0.15	0.12
0	0.32	0.15	0.12	0.11

今回の除染で、**アルミサッシガラス戸からリビングに侵入しているγ線を一定程度カットできた**ことになります。

雑草地の除染範囲が、10m × 10m と小規模であるので、まだ除染範囲外のγ線侵入の影響を受けているのでしょう。

しかし、今回の小規模除染でも、リビング中央部で 0.1μSv/h にできる可能性があることが、確認できました。

1
Q&A
除染について知っておきましょう！

本章では、**除染に関する基礎知識**をやさしく説明しています。

基礎知識をすでにお持ちの方は、次の「2 「適切な除染方法」とは？」に進んでくださっても結構です。

ここでは、

- **誰が**（＝業者ではなく自分たちの手で）、
- **いつ**（＝できるかぎり早急に）、
- **どこで**（＝子どもたちの生活圏を優先して動線あるいは面的に）、
- **何を**（＝放射性物質だけの選択的な除去を）、
- **なぜ**（＝「元に戻す」という目的で）、
- **どのように**（＝各種の表面・素材に最適な除染方法で）、

効果的な除染を進めていくべきかを、くわしく説明しています。

1.1 「適切な除染」とは、どのようなものですか？

除染の方法は、さまざまです。環境省ホームページに掲載されている除染法だけでも、数十種を数えます。

しかし、現場で利用できて確実に効果があがるための条件として、少なくとも以下の5点を忘れてはならないでしょう。

① 放射性物質を拡散させない。

⇒ 高圧水洗浄のように処理水を回収せず拡散させてしまうと、別の場所（たとえば下水処理場など）で汚染被害を発生させてしまいます。

② 放射性物質を清浄な物質と混合させない。

⇒ 除去しなくてもよい清浄な土砂を混合させると、廃棄物の量がいたずらに増えてしまって、置き場所で行き詰まります。

③ 素材表面の性質にそれぞれに適した手法をていねいに使い分けて、確実に放射性物質を集めること

⇒ ゼオライト等を農地に散布して農作物に放射性物質が移らないようにする手法などは、その場に汚染物質を置き去りにしているので、危険性は継続しますし、風評被害対策の面から考えても適切とはいえません。

④ 放射性物質を可能なかぎり小さい体積まで減容すること

⇒ 大きな体積のままだと、置き場所に困り、安全保管にも支障をきたし、最終処分場への持ち運びも不便です。

⑤ 除去した放射性物質を、内部被ばく・外部被ばくの心配がない安全な状態で中長期的に一時保管・管理できること

⇒ 被ばくの心配がなければ、その場に置いておいても危険性はありません。さらに安全保管容器そのものを放射線遮蔽ツールとして活用することもできます（⇒本書143ページを参照）。

これらの条件は、最近日本語訳が出版された『チェルノブイリの経験』*の“4つの提言”（次ページ）を参考にしています。

『チェルノブイリの経験』からの“4つの提言”（引用）

「チェルノブイリの経験は、高濃度の放射能に汚染された地域で、近い将来に元の暮らしに戻ることは不可能だと教えている。その地で安全な生活を送るためには、日常生活や農業・漁業・狩猟において特別な安全策を講じなければならない。必要不可欠な安全策には以下のようなものがある。

(1) 土壌中で、植物の「根圏層」から長寿命の放射性核種の除去を促す方策を案出すること（植物の根は重力に反した上向きに吸引する機能がある）。

(2) 安全な（放射性核種を含まない）食品の生産技術や、工芸作物など食品以外の農作物の生産技術を開発すること。

(3) 福島第一原発由来の放射性核種による影響を避けるため、体内に放射性核種を入れないため、そして取り込んだ放射性核種を排出するため、人々が積極的に行動すること（放射能の防護や吸着の手立てを広めること）。

(4) 政府と自治体は、大規模な医療支援や社会的施策など、汚染地域における生活再建計画を策定すること。

（中略）

チェルノブイリのもう一つの教訓は、日本のような発展した大国でさえ国際的な支援が不可欠であることだ。チェルノブイリで実施された被災者支援のための（国の役割を補完する）大規模な人道的協力の経験や、放射能のモニタリング（監視）と放射線防護を行う非政府の民間組織（NGO）による経験が生かされるだろう。」

＊「調査報告　チェルノブィリ被害の全貌」、アレクセイ・V・ヤブロコフ、ヴァシリー・B・ネスレテンコ、アレクセイ・V・ネスレテンコ、ナタリヤ・E・プレオブラジェンスカヤ著、星川淳監訳、岩波書店、2013年4月26日発行

そこで、これらの条件をすべて満たす新たな「適切な除染方法」を目指して、筆者は福島県内の現場で、開発と検証を重ねてきました。

本書の第2章では、「適切な除染方法」を具体的に紹介していきますが、

これを実行しようとするには、福島の住民の皆さんや関係者の皆さんの理解と、新たな姿勢も必要になってきます。

まず、「業者まかせの除染」から卒業しなければなりません。「**自分たちでできることは自分たちで実施する**」という姿勢です。

「東京電力や国が責任をもって除染すべきであって、被害者である住民が自ら除染作業をおこなう義務はない」という主張は、たしかに正論です。

しかし、東京電力は除染作業にあいかわらず背を向けたままですし、国主導の「業者委託型の除染手法」は効果があがっていない、という事実を直視すれば、自力で除染を進めていくという姿勢が大切であることも、また否定しがたいのではないでしょうか。

次に、「どこかへ持ち去ってもらう」のではなく、**必要なら当面は「その場で安全保管をする」という新たな姿勢**です。

「一刻も早く持ち去ってほしい」という気持ちは、だれもが持つはずです。しかし、持ちこまれる側の立場を考慮すれば、かんたんに受入れ先が決まるとも思えません。

まずはその場でできるかぎりの減容化を徹底して、あくまでも「安全に一時保管すること」が前提ですが、小さくした汚染物質の新たな保管場所を検討するべきでしょう。

随所で示しますが、こうした安全保管容器それ自体を、周囲から入ってくる有害な放射線の遮蔽に役立てることも、工夫しだいでは可能なのです。

つまり、危険でないばかりか、危険から守ってくれる道具にもなるのです。

そこで本書では、

①確実に放射性物質を集めて、

②集めた放射性物質を減容化して、

③減容化した放射性物質を安全保管容器に収納して、

④当面は敷地内に一時保管（あるいは有効利用）する、

というプロセスを提案しています。

1.2 「適切な除染」の目的は、何ですか？

まず第一に、**「低線量・長期・被ばく」をできるだけ早期に回避すること**です。

現在、通常の生活をしている地域でも、高さ 1m の空間線量平均値の 10 倍以上にのぼる、いわゆる**ホットスポット**（⇒本書 1.4 参照）と呼ばれる箇所が少なくありません。

一般に、**子どもさんや妊婦は放射線からの悪影響を受けやすい**ことが知られています（⇒本書 1.3 参照）から、その生活環境周辺の放射線量の低減を早期に進める必要があります。

第二に、**放射性物質の拡散を緩和すること**も大切な目的です。避難を余儀なくされている地区であっても、セシウム 137 のように半減期が長い放射性物質は、自然に弱まることを待っているわけにもいきません。風雨や地下浸透などによって、放射性物質は徐々に移動して拡散してしまいます。できるだけ早期に回収しておかねばなりません。

第三に、住むことができないほどの**高線量地区の場合には、他所へ拡散させることなく徐々に確実に線量を下げていき**、住むことができる環境をとりもどし、生業を復活させ、農作物や観光業などへの風評被害対策へと挑戦していくことにつながります。

逆に、「適切な除染」（⇒本書 1.1 参照）をせずにいると、仮に農作物への放射性物質の移行量が少なく生産できたとしても、根本的な安全性を確保できていないという観点からの「**風評被害**」を、完全には払拭することはできませんし、作業中の低線量被ばくによる健康被害の懸念を持ち続けなければならないことになります。

ところで、2012 年 6 月 21 日に成立したいわゆる「**子ども・被災者支援法**」

（東京電力原子力事故により被災した子どもをはじめとする住民等の生活を守り支えるための被災者の生活支援等に関する施策の推進に関する法律）が本格実施されないまま、立ち枯れてしまいそうになっています。

この法律は、被災者の方々が、①居住継続、②自主避難（帰還せずを含む）、③帰還、のいずれかを選択することを可能にするための支援をする、被災者の皆さんにとって大切な法律です。にもかかわらず、2013年7月の時点で「地域指定」すらできていません。

これは、そもそも除染が失敗している（「適切な除染」によって確実に放射性物質を集めていない）ので、適切な清浄化の見通しの情報を与えられていない状況がつづいているため、被災者の皆さんは上記①〜③の客観的判断ができない、ということが問題なのです。

つまり、近い将来の居住可能性・清浄化の見通しを与えることのできる「適切な除染」は、正しい判断のための必要条件ともいえます。

1.3　どのくらい被ばくすると、危険なのでしょうか？

「年間 1mSv（ミリシーベルト）」という、除染状況重点調査地域の基準があります。これを1時間あたりに換算すると**「0.23 μSv（マイクロシーベルト）」**になり、線量の高い地域では当面の目標値として認識されています。ところが最近、この基準を達成不可能とかんたんにあきらめて、「理想論だ」などと主張する人たちが目立つようになってきました。

本書が提唱する「元に戻す」ためには、この「0.23μSv/h」という数字は“当面の目標”であり、通過点にすぎません。もちろん大切な通過点であり、**決して理想論などではありません。**

国が出した基準の「年間 1mSv」が十分に安全な基準値かどうかについては、本書 24 ページ以下をごらんください。

被ばくの危険性を理解するには、まず、**「内部被ばく」**と**「外部被ばく」**の違いを知っておく必要があります。

「内部被ばく」とは、空気中に飛散する微粒子に付着した放射性物質が体内にとりこまれて定着し、α線・β線が至近距離で細胞を損傷するので、最も警戒しなければなりません。

一方、「外部被ばく」とは、周辺に存在する放射性物質から放射される「γ線（ガンマ線)」(核崩壊の時に放出される「電磁波」の一種）による被ばくです。α線、β線と違い帯電しておらず、波長が短く透過力が強いので、体の外部に放射線源があっても、そこから放射されたγ線は人体を減衰しながら通り抜けていきます。ただし、通りぬけるときのエネルギー減衰により、やはり**人体の DNA 損傷などの悪影響**を与えます。内部被ばくとは異なり、外部被ばくは高線量の放射性物質から距離をおくことで悪影響を回避・緩和することは可能ですし、直進するγ線の性質を理解して、何かで正しく遮蔽してしまえば、その悪影響を緩和することが可能です。

次に、よく使われる二つの単位、放射線密度を表す「ベクレル」(Bq)、単位時間あたりの空間線量を表す「シーベルト」(Sv) について、理解しておきましょう。

ベクレルは、1秒間に核崩壊する回数を表すもので、放射性物質の側の単位です。

一方のシーベルトは、エネルギーの単位で、人体への、影響を受ける側の数値です。例えていえば、「殴る側」の「殴るパンチの回数」がベクレル、「殴られる側」の「痛みの度合い」がシーベルト、といえば、わかりやすいでしょうか。

①「ベクレル (Bq)」とは、1秒間に放射性核種が崩壊して、α、β、γ線などの放射線を出す原子の数です。すなわち、**放射線を出す能力**を、「1秒間に崩壊する原子数」で、Bqという単位を使用して表現したものです。実際には、人体、食品、土、樹など、1kgあたりの放射能重量密度 (Bq/kg) として使用されます。土壌汚染の航空機モニタリング測定などでは、放射能面積密度 (Bq/m^2) として、使用されます。

☞ **ボクシングにたとえて言うと、ベクレル (Bq) は1秒間に殴る「パンチの数」です。**

②放射線が人体に当たると、放射線のエネルギーは吸収されます。物体1kgあたりに吸収されるエネルギー量が「グレイ (Gy)」です。ところが、α線はヘリウムの原子核で粒子であるため、たとえば人体内では、細胞などによるエネルギー吸収量が大きいのです。それに対してγ線は電磁波であるため、人体内の細胞を透過しながらエネルギー減衰するので、吸収量が小さいのです。このような放射線の種類によるエネルギー吸収量（人体に対する影響量）を考慮して、α線はγ線に対して20倍の吸収量があるとして、重みづけをしてエネルギー吸収量を平均化した量が「シーベルト (Sv)」です。結局のところ、シーベルトも「重みづけしたエネルギー吸収量（人体への影響量)」なのです。実際には、Svは大きな単位なので、年間被ばく線量ではその千分の一の「**mSv**」が、そして1時間値としてはその千分の一の「**μSv/h**」が使用されます。事故前の平均的な放射線量は「0.06μSv/h」でした。

☞ **ボクシングにたとえて言うと、シーベルト（Sv）は、殴られたとき「人体が受けるダメージ」です。**ただし、1回のパンチでもボディーブローやアッパーカットのようにダメージの大きなパンチと、ジャブのようにダメージの小さなパンチを考慮した、「重みづけ平均化されたダメージ（吸収エネルギー量）」になっています。

「0.23μSv/h」以上の「汚染状況の重点調査地域」は、次ページの地図における斜線部分です。

さて、本書の提案は「元に戻そう！」ですから、“原発事故前の放射線量の平均値”である「**1時間あたり 0.06μSv**」（**0.04 ～ 0.08μSv の平均**）**に戻すことが最終目標**、といってよいでしょう。

この数字は、福島第一原発事故による放射能汚染が発生する前の数値であり、日本全国あるいは他国の線量と比較しても同等水準の数値ですから、住民の皆さんが安心して生活でき、風評被害から脱却するために十分な水準でもあります。

さらに、福島県内の皆さんが生業復帰を果たし、あるいは復興プロセスで新たなスタートをきり、県外・海外の皆さんに安全な福島県産品を食してもらい、観光客が安心して訪ねることができる福島を取り戻すこと――これが最終目標です。

当面の作業手順としては、比較的線量が高い場所をホットスポット（⇒本書 72 頁参照）と呼び、ここを重点的に除染の対象としていく必要があります。

▲図１　汚染状況重点調査地域等の分布

環境省ホームページ（http://josen.env.go.jp/zone/summary/list.html）より

1.4　どのような場所が、ホットスポットになりやすいのですか？

原発事故から２年４か月が経過していますから、通常はいくつかの種類の放射性物質の線量は、下がっていてふしぎはありません。

ところが、事故後２年以上経過したにもかかわらず、さらに除染作業（高圧洗浄）が終了したにもかかわらず、**線量が逆に上がっている場所もある**のです（**表1**）。

たとえば、郡山市の市街地での定点観測測定で、現実に線量上昇の事例がいくつも見られます。これらは、放射性物質が集まりやすい場所なのです。これは、福島県以外の地域でも、同じことが生じている可能性があります。

▼表１　郡山市のホットスポットの表面線量データ（高さ 1cm）

	2011年12月調査	2013年6月調査
F町	0.95	2.82
F町	0.48	1.19
M町	0.6	1.28

（資料提供・郡山市Ｋ町会）

原発事故以降、「ホットスポット」という言葉をよく聞くようになりました。放射性物質が局所的に濃縮されている場所という意味あいで使われることが多いようです。

「ホットスポット」の一般的定義は、「局所的に何らかの値が高いか、活動が活発である地点、場所、地域」のことをいいますが、実は「放射能ホットスポット」は公的に定義されていません。

そこで、ある地点の放射能ホットスポットを以下のように定義します。

☞ 周辺の高さ 1m 空間放射線量（μSv/h）よりある地点の表面放射線量（μSv/h）が４倍以上高い地点を「高線量のホットスポット」、２倍から４倍までを「中線量のホットスポット」とよぶ。

▲写真１　すべり台下のホットスポット

▲写真２　駐車場わきのホットスポット

比較的高線量になりやすいホットスポットは、以下のような場所です。

① 児童公園のすべり台、ブランコなどの下部（⇒**写真 1**）

② 大きな駐車場の凹部、境界部の微細岩石成分、雑草、ごみなどの堆積部（⇒**写真 2**）

③ 雨どいの下部の土壌（⇒**写真 3**）

④ 道路境界部のコケ、微細岩石成分の堆積部

⑤ 運動場などの土壌凹部、境界部

⑥ ゴミ、落ち葉などが堆積した側溝（そっこう）（⇒**写真 4**）

⑦ 雨水升（ます）など（⇒**写真 5**）

こうした**ホットスポットが生じるメカニズム**は、以下の通りです。

まず、**放射性セシウム**は、主として0.075mm以下の**微細岩石成分**や**微細な腐植質**に付着して、雨水などに乗って移動するので、この微細粒子が沈殿、堆積する場所にホットスポットが形成されます。

▲写真３　雨どい下部のホットスポット

▲写真４　森林わきの側溝

▲写真６　放射能が吸着しやすい屋根のスレート材

◀写真５　雨水升（ます）

だから、道路、駐車場、運動場の境界部、運動場や遊具下の土壌凹部、道路や敷石の割れ目や隙間、街路樹下、雨樋下の土壌、雨水升(ます)、流れのゆるい川底、ため池、ダム、沿岸部海底、などがホットスポットになりやすいのです。

次に、放射性物質が吸着されやすい素材は、**屋根のスレート材**（⇒**写真6**）、**コンクリート瓦**、**針葉樹の葉**、**稲わら**などです。

また、放射性物質が濃縮されやすい素材としては、**コケ**、**きのこ**、移行係数の大きな**雑草**、**淡水魚**、**野生動物**などがあります。

1.5　なぜホットスポットの除染をしなければならないのですか？

事故から２年以上が経過した今でも、福島県中部（中通り地方）では、多くの住民が、ごくふつうの生活をしています。これは、低線量被ばくに対する危機感の欠如とも言えるでしょう。

ホットスポットの近くに**通学路**や**遊び場**があって、今も子どもたちがさまざまに活動しています。(⇒**写真７**)

ホットスポットが乾燥すると、**ホットパーティクル**（放射性物質が付着した微細粒子）が舞い上がり、呼吸器系から取りこまれて、内部被ばくの原因となることから、さらなる危険性を伴います。

まずは、通学路から始めるべきです。本書で示すように、放射性物質を取ること自体は、それほどむずかしくありません。

空間線量が 0.23μSv/h を下回るような低線量地域においても、その 10 倍程度の 2μSv/h 台の表面線量を有するホットスポットが、生活空間、通学路周辺で多く存在していることがあります。(⇒**口絵②**)

微細粒子が集まりやすいホットスポットとは、「放射性物質が集まりやすい場所」です。そのため、一度除染しても、再び放射線量が上がることもしばしばあるので、**継続的に監視して、除染作業を繰り返す**必要があります。

そして通学路の除染で集めた放射性物質を入れた**安全保管容器の置き場所問題**を解決するために、企業の駐車場・敷地、自治体管理の道路・側溝、個人の敷地、この３か所を候補にするべきでしょう。

▲写真７　児童公園でホットスポットを調べる

1.6 今、気をつけなければならない放射性物質は、どのようなものですか？

福島第一原発事故によって原発敷地外への放出が確認されている放射性物質（放射性核種）の元素名、化学記号、半減期を**表 2** に示し、放射能密度（Bq/m²）が高かった核種をアンダーラインで示します。

ここで、化学記号の後ろについている数字は、中性子の数を表わしています。

表 2 にあげた放射性核種のうち、福島第一原発事故以後の 3 週間、すなわち 2011 年 3 月末までに福島市、飯舘村の測定値で放射能密度が高かった核種は、I-131（8.04 日）、Cs-134（752 日≒ 2 年）、Cs-137（11,023 日≒ 30 年）という、3 種類の核種です。

人体影響等が大きく半減期が長い St-90（10,512 日）、Pu-239（24,100 年）も、原発周辺の 60km の範囲の土壌から検出されましたが、放射性ヨウ素、セシウムに比べて微量でした。*

*詳細は、山田國廣『放射能除染の原理とマニュアル』（藤原書店）17 頁表 1-1 参照

福島第一原発構内の場合は、2013 年 5 月現在においても、メルトダウンした核燃料冷却水が地下水とともに原子炉外へもれています。

東電は必死になって 60 数種類の核種によって汚染された水をくみ上げ、ろ過して貯水タンクに貯蔵していますが、地下水量が多く、貯蔵施設もまにあわないため、「汚染濃度の低い地下水だけでも海への放流」が提案されています。

しかし、地元漁民の反対などで、放流問題はかんたんに解決しそうもありません。

冷却水汚染物質を除去するさいの問題は、例えばトリチウム（三重水素）の除去が困難なことです。水と結合したトリチウム水（THO）状態で存在するので、それ自身が水との性質がよく似ているため、現在使用されている

▼表２　福島原発事故によって放出が確認されている放射性物質

物質名		半減期
①セシウム	Cs-134	752日
	Cs-136	13日
	Cs-137	11,023日（約30年）
②ヨウ素	I-131	8.04日
	I-132	0.1日
③テルル	Te-129m	0.05日
	Te-132	3.25日
④ベリリウム	Be-7	53.3日
⑤バリウム	Ba-140	12.8日
⑥ランタン	La-140	1.68日
⑦ストロンチウム	St-89	50.5日
	St-90	10,512日（約30年）
⑧プルトニウム	Pu-238	87.7年
	Pu-239	24,100年
	Pu-240	6,564年

注：Te-129mのように、数字の後にmがついているのは、原子核が高いエネルギーを持っている状態で、壊変をおこして、より安定核種に変化します。例えばCs137の場合、β線を出してBa137mになり、すぐにそれがγ線を出してBa137という安定核種になります。

ろ過設備では除去できないのです。

さらに、ストロンチウムなども除去できていない可能性もあります。**一度事故を起こした原子炉の収束が、いかにむずかしいか**を物語っています。

1.7　なぜ放射性廃棄物を「減容化」しなければならないのですか？

国が主導するこれまでの除染方法のうち、田畑などの汚染土壌を10cm近くも大型重機で除去する方法は、除染とはいっても、その場（敷地内）にブルーシートをかぶせて放置されているのが実態です。

剥離した土砂が大量なので、汚染土壌の置き場所が決まらないのです。

最終処分場のみならず、仮置き場、仮々置き場すら決まらない状況が続いているため、「除去」と称してその場に放置せざるをえないのです。

この状況が簡単・早期に解決するとは思えません。汚染土壌を大量に持ちこまれては、周辺住民は自らの健康被害や農産物への被害、さらに風評被害が生じると懸念して、当然です。

汚染土壌を大量に取るかぎりは、置き場所の問題は解決しない、ということは、明白です。

写真8は、飯舘村役場裏に野積みされたフレコン入りの汚染土壌が山積みされたようすです。フレコンが重みでひしゃげて、汚染水がしみだしているのがわかります。

取り去る土砂が「大量」である点が問題なのです。

これを小さくしてしまえば、置き場所の選択肢は広がります。汚染物質の総量が少なければ、たとえば無人島に移動して、安全処置をほどこしたうえで仮保管することもできるでしょう。

そこで、**汚染物質を減容化する**ことが必要になってきます。

最小限の汚染土砂だけを選択的に取り去ること（汚染されていない、あるいは汚染の度合いが少ない土砂を取らないこと）や、汚染土壌から汚染されていない土壌を分離することが重要なのです。

そして汚染土壌を移動する前に、その場で減容化しなければならないのです。

▲写真８　フレコン入り汚染土壌の山（飯舘村役場裏）

1.8 業者にまかせておいてはいけないのは、なぜですか?

要するに、自分たちでできることであれば、さっさとやってしまうにかぎる、ということです。

除染を請け負う業者は、国が定めた除染ガイドライン以外の方法を原則として使いません。除染作業の内容が指定されているためです。

高圧水洗浄のように、いくら効果がなくても、大量表土剥離のように行き詰まっていても、除染ガイドラインの手法として承認され、奨励されているからには、これらの方法を使わざるをえません。

国のこれまでの進め方を見ていると、「業者への委託発注によって除染を実施する」ということにこだわるあまり、効果的かどうかよりも、業者への発注に適しているか、つまり、業者が大勢の“にわか除染作業者”を雇って“比較的単純な同一手法”で横並びに進めていくことができるか、これらに拘束されているように思えます。

前述のように、**放射性物質は、田畑、屋根、壁、路面、山林、水中などさまざまな場所に拡散されているのですから、それぞれの性質に適した方法で、放射性物質の分離作業を、きめ細かく、ていねいに進めていかなければならない**のです。

したがって、同一手法の作業で横並びに進めていかざるをえない業者委託には、基本的に不向きなのです。

何よりも、除染作業を受託している企業は、除染作業者の多くを県外から集めていることが知られていますから、自宅や子どもたちの通学路などを自分で除染するのと比較すれば、「意欲」や「責任感」の面で格段の差が生まれることは、想像にかたくありません。

住民自身が参加・主導する除染作業であれば、線量が着実に下がる方法を選ぶでしょうし、下がる前に除染を止めたりしません。

まして、手抜き作業や、汚染物質を不法投棄するような無責任なことは絶対にしないでしょう。

仮に、除染作業に、素人に理解できない専門知識や専門的技能が不可欠であれば、それらを満たす業者に委託せざるをえませんが、**本書で紹介する多くの手法は、基本的にどなたにも実施可能**です。

もちろん、除染作業中の内部被ばく予防、および外部被ばくの緩和には、十分に注意する必要があります。この点では、2013年5月に環境省が発行した「除染ガイドライン」第2版も、参考になるでしょう。

〈コラム〉「危険か安全か」を超えて、「除染すべき」！

福島県内やその周辺地域における放射線量（空間線量）の値が、危険なのか安全なのか、という議論ではなく、「線量を下げる必要があるか」ときかれれば、「必要である」と答えておきたいと思います。さらに、「**住むなら下げましょう**」とも強調したいところです。

さらに本書は、「**住むのであれば、とにかく有効・適切な除染を継続すべき**」と提案します。

線量で「避難せよ」、「住んでもだいじょうぶ」という判断をしません。

ただ、「放射能汚染による被害が存在しない」と思いこませたい一部の人たちは、「住んでも危険性はない」と主張するでしょう。除染ができるようにポーズをとり、除染があまりの高額になりそうだと「これで十分としておこう」などと、責任を放棄しかねません。

一方で、避難を主張する団体等の皆さんは、「危険性が高いので避難すべき」といい、「除染などはできない」と主張し、除染ができると主張する人を非難することすらあります。「住民自らの手で除染を」などという主張に対しては、結果として原発事故の危険性を緩和する方向に誘導する、とみているのかもしれません。

避難主張者は、加害者の無責任さとは真逆の正義感と親身の気持ちを持っているので、敬意を表するところですが、しかし、現に住み続けている多くの人々が線量を下げる努力をすることまで批判の対象とすることは、いかがなものでしょうか。仲間割れではないでしょうか。

住民の被ばくリスクを下げる除染活動と、原発事故の悲惨さ、重大さ、加害者の無責任さ、償えないほどのコストから、「原発を推進できない、安全に廃炉にするべき」という主張は、まったく矛盾しません。

もちろん、適切な除染の費用は全額、最終的には東電に支払わせねばなりません。これらは原発による不当安価電力の継続的消費のいわば“ツケ”なのですから。

それに避難したからといって、除染が不要になるわけではありません。他所への拡散防止の観点から、早期の除染が必要であることに変わりはありません。

〈コラム〉メッセージ

――潜在的リスクを背負った、全国の原発立地の人たちへ

事故後２年以上が経過し、放射能汚染地域以外の地域では「除染はできないのではないか」、「私たちとは関係がない」として、福島原発事故そのものにも無関心な人々が増えてきました。

これでは「福島第一原発事故から何も学んでいない」ことになります。

例えば、関西では福井県に原発が集中立地しており、福井県だけでなく滋賀県、京都府など30km圏内の自治体では避難計画が立てられています。しかし、30kmという距離は、福島第一原発からは飯舘村という高濃度汚染地域に当たります。60kmは福島市ですが、福井の原発からなら京都市に当たります。100kmは栃木県の那須塩原、200km圏には千葉県の柏市や流山市があります。それらの地域でも、かなりの放射線量が、現在においても観測されています。福井原発からの距離にすると、100km圏は大阪市、200km圏になると西は岡山、南は和歌山、三重、東は静岡、北は石川まで汚染範囲に入ります。

国が定めた緊急防護措置区域の**30km圏が避難地域などというのは、福島事故の被害実態をまったく反映していません。**

さらに、福島事故による避難中に、病院入院者、特養ホーム療養者の方々が多く死亡しました。実際に原発事故が起こった場合、このように、強制隔離すると死亡する患者さんがおられます。そのような人々は「**動かしてはいけない**」のです。原発立地地域では、重症患者さんたちは避難させずに、支援する体制を構築しておく必要があります。

医師、看護師、食糧支援などの体制が必要なのです。「いかに早く全員を避難させるか」ということを目標とした自治体の避難計画は、関連死を招くことに気づくべきです。

2013年4月25日、兵庫県は、福井県にある大飯、高浜など４つの原

発で、福島第一原発並みの事故が起こった場合の拡散予測を公表しました。汚染は100kmを超えた兵庫県全域に及び、安定ヨウ素剤を服用すべきと定められている**年間50mSvを超える範囲は30kmを超える範囲に及んでいる**、としています。

福島第一原発事故の放射能拡散速度は、100km圏内では1日程度、200～400km圏でも2日程度で到達しています。

SPEEDI的な予測をしたとしても、その情報の正確さ、伝達速度を考えると、現実に生じた事故後の避難にはあまり役立たないと考えられます。なぜなら、SPEEDIによる予測は、風向きによって空中を移流・拡散していく様子がわかるのであって、実際の放射性物質の人体影響は、空中を飛んでいるだけではほとんどありません。

フクシマ大惨事の経験では、**雨が降って放射性物質が地上に落下してきたときに、汚染地域へ重大な影響を与えた**ことがわかっています。すなわち､ある局所的地域における24時間内の風向き(数時間で変化する)と、雨による落下を同時に予測する必要があり、現在の気象観測技術でそのことは不可能だと考えられるのです。

ただし、安全な避難方向の地形的な特徴（谷筋は汚染物が拡散しにくい、海沿いは拡散しやすいなど）把握や避難練習には役立ちます。

実際の事故時には、逃げ遅れる人や、避難する前に放射能汚染が生じてしまう地域が多くでてきます。安定ヨウ素剤を服用すべき事態とは、まさにそのような状況です。ヨウ素剤はヨウ素131の内部被ばく対策用です。

降ってくる放射性核種はヨウ素131だけでなく、放射性セシウム、テルル、ストロンチウムなど他にもあります。γ線による外部被ばくも生じています。それらを、**即時に住民自身で、または周辺住民との協働によって、被ばく防止策を実施する必要があります。**

多くの災害と同様に原発事故時でも、まず自分たちで可能な被ばく防止策を実施する「**自助**」があり、つぎに近場の人々が助けあう「**共助**」があり、国や自治体などの公が出てくる「**公助**」は一番後から出てきます。

「適切な除染方法を学ぶこと」の中には、内部被ばく防止法、外部被ばく防止法、作業被ばく防止法などが含まれています。緊急時には自助、共助の除染ノウハウ、避難できない人々への支援体制ノウハウこそが役立つのです。

2013年4月末現在において、日本の原発で稼働しているのは、福井県にある関西電力大飯原子力発電所の1か所のみです。この現実は「福島第一原発事故が起こり、重大な被害が生じた」という結果から生じたことです。全国の原発立地住民の方々は、そのことを忘れてはならないと思います。

原発事故は起こりうるし、起こった場合は避難できずに多くの人が汚染地域に取り残されます。「30km圏までが緊急避難地域で、そこの住民は速やかに避難できる」というのは「原発事故は起こらない」と同質の神話です。

汚染地域に取り残された場合、被ばく防止策を実施するには多くの難儀がともないますが、除染ノウハウを身につけて自助・共助によって実施するしかありません。それらことを徹底的に認識する先にこそ「**原発は、稼働させてはいけないし、新たにつくらせてはならない**」という確信に到達します。

付け加えるならば、現在も放射能被ばくを受けている人びと、不安な生活を送っている人びとに対して、物心ともの支援を粘り強く続けていただきたいと願います。

2
Q&A
「適切な除染方法」とは？

本章では、除染方法について、**基本的な手順**や**注意事項**などを説明します。

ところで、環境省「除染等の措置に関わるガイドライン」（第2版2013年5月発行）には、除染の手法や準備、手順や注意事項などが、除染する対象物（建物、道路、土壌、草木、等）ごとに記載されています。

最初に、屋根・壁・路面などの固い表面について、適切かどうかを見ていきましょう。

まず、「高圧水洗浄」では、効果がありません。放射性物質が表面に付着しているだけの場合には、単なる「拭き取り」だけで除染効果が上がることは確かにありますが、表面素材そのものと結合している固い表面を高圧水で洗浄しても、線量は下がりません。

この高圧水洗浄に比べれば効果的な「ショットブラスト方式」というのは、細かい金属粒子を叩きつけることによって、表面を薄く物理的に削り取るものです。したがって、路面などが傷んでしまうというデメリットがあり、コストも高額です。また、細かな粉じんによる内部被ばくに十分に注意が必要です。

次に、土壌の放射能除染について、適切性を検証していきます。まず、表層の汚れた土と、その下の汚れていない土との上下を入れ替える「反転耕」や、農機具で深く混ぜあわせてしまう「深耕」などは、放射性物質を取り除いたことになりませんから、そもそも「除染」ではありません。

「表土の削り取り」については、1cmずつ削っては測定しながら、除去する表土を最小限に止めるという方式は、一気に10cm削り取っていた方法よりは有効でしょう。

肝心なのはいかに除去土壌を少なくするかということです。

ここで、本書1.1（63ページ）に記した「**適切な除染**」の条件について、もう一度確認しておきましょう。

①放射性物質を拡散させないこと

②放射性物質を清浄な物質と混合させないこと

③素材表面の性質に合わせたそれぞれに適した手法をていねいに使い分けて、確実に放射性物質を集めること

④放射性物質を可能なかぎり小さい体積まで減容すること

⑤除去した放射性物質を、内部被ばく・外部被ばくの心配がない安全な状態で中長期的に保管・管理できること

2.1 除染作業をおこなう上で、注意をしなければならないことは、何ですか？

最重要の注意事項は、被ばくの予防です。

普段生活を続けている地域での除染の場合は、作業者自身が「内部被ばく」をしないこと、つまり放射性物質が付着している危険性がある埃などを吸い込まないことが最も重要なポイントです。

また、作業場所周辺の人たちに除染作業が原因となる内部被ばくをさせないこと、つまり埃などを巻き上げないことも大切です。

バキューム吸引器などを使用する場合には、湿式対応の機器を選び、乾燥した状態では使用しないようにします。

作業中の飲食は厳禁です。

こうした被ばく予防のための装備としては、**マスク、ゴーグル、手袋、長靴、埃が付着しにくい作業着**などの準備が必要です。

除染作業が終了したら、作業着の埃を落とさずに着替えてすぐに洗濯し、手洗い、うがい、全身シャワーを励行しましょう。

次に、外部被ばくを最小限にするように努めます。

まず、しっかりと作業計画を立てて、効果的な除染方法を選択することを含めて、**作業時間を最短にする**ように工夫しましょう。線量の高い地域では、**積算線量の管理**も必要です。

被ばく以外の危険緩和に関する注意事項としては、屋根や斜面などの除染をする場合、高所からの落下など危険を伴う作業は、できれば専門業者に委託するとよいでしょう。

線量の高い地区を、長時間継続して除染作業を行う場合には、可能なら**γ線遮蔽トレーラーハウス**の中で食事や休息をとるとよいでしょう。

愛知県のドリーム・プロジェクトでは、第１章で紹介したツーバイシックス型の外囲いを活用して、トレーラーハウスのγ線遮蔽外囲いを製作、販売しています。

危険緩和に関する事項以外では、**必ず事前測定をする**ことが重要です（125ページ参照）。これは、無用な作業をしないためでもありますが、汚染物質の除去を最小の量にとどめるためにも、除染作業前の「素材深さ方向の測定」が不可欠です。

さらに、事前測定は、除染作業後のデータと比較することで、その効果を実感できるというメリットがあります。適切な除染方法で、着実に線量が下がった、という事実の記録は、先々の風評被害対策としても役立ちます。

最後に、除染方法はいくつもありますが、いずれの場合にも、雑草等の除去、砂礫の除去など、手や簡易器材で簡単にできる「事前の除去作業」を行ってから、本格的な除染作業に入ると、除染効果、作業時間短縮、被ばく予防のいずれにも有効です。

〈コラム〉放射線、放射能について

一般的に**原子**は、**原子核**と、その周辺を回っている**電子**から構成されています。原子核の中には、プラスに帯電した**陽子**と、電気的中性の**中性子**があります。

放射性を有しない安定原子の場合、例えば安定セシウムであるCs-133は、核崩壊することなく自然界に存在しています。ところが、福島第一原発から放出された放射性核種の場合、例えば放射性セシウムであればCs-134、Cs-137のように、安定セシウムにくらべて中性子の数が1個と4個多いので、原子核が不安定であり、「**核崩壊**」を起こします。

このとき、放射性セシウムであれば核崩壊によってβ線を放出し（内部被ばくの要因）、残りのエネルギーでγ線（外部被ばくの要因）を放出します。ヨウ素131も、同じようにβ線とγ線を放出します。ストロンチウムSt-90はβ線、プルトニウムPu-239はα線を放出します。

ここで、「**α線**」とは、陽子2個、中性子2個で構成されたヘリウム（He-4）の原子核が核崩壊によって放出されるもので、放射線というよりは「粒子」で飛びだします。「α線」は粒子なので、エネルギー減衰が大きく、空気中で4.5mm、人体では0.04mmしか進みませんから、紙1枚でも遮蔽できます。そのぶん、体内に取り込まれたときは、DNA細胞などに大きな損傷を起こし、「内部被ばく」の人体影響が大きいという特徴があります。

「**β線**」とは、原子核の周辺をまわっている電子（マイナスに帯電している）が核崩壊により放出されるもので、これもα線と同様に、放射線というよりは「粒子」です。「β線」も粒子ですから、エネルギー減衰がおおきく、空気中では1m、体内では1cmしか進みません。うすいアルミ板で遮蔽できます。β線はα線ほどではないですが、体内に取り込まれたときにやはりDNA細胞などに影響を与えるので、「内部被ばく」が問題となります。

「**γ線**」は、核崩壊の時に放出される「電磁波」の一種です。α線、

β線とちがって帯電していませんし、波長が短く透過力が強いので、外部に放射線源があっても、そこから放射されたγ線は、人体でも減衰しながら通りぬけていきます。通りぬけるときのエネルギー減衰により、DNA 損傷などの影響を与えるので、「外部被ばく」が問題となります。

「**放射能**」とは、「**放射性物質が放射線を出す能力**」のことであり、一般的な言葉としては、「放射性物質」と「放射線」の両方について使用されることが多いようです。

福島第一原発事故以来、2 年以上が経過した 2013 年 5 月の段階において、環境中に人体や生態系へ影響を与えるレベルで残留、蓄積しているのは**放射性セシウム**で、半減期が約 2 年の Cs-134 と半減期が約 30 年の Cs-137 です。

セシウムは 1 価の陽イオン原子で、周期律表ではナトリウム、カリウムと同族です。原子直径が大きく、その分イオン結合など反応力は極めて強く、岩石成分や腐植質などと結合しているので、河川水や地下水からはほとんど検出されません。内部被ばくで人体へ取りこまれたときは、タンパク質等と結合しやすい特性から、血液循環系、リンパ液循環系などを通じて、人体のあらゆる臓器に分配されて、影響を与えていることが、チェルノブイリ原発事故の事例などからわかっています。

原発事故後の初期の段階においては、放射性ヨウ素、テルルなど半減期の短い放射性物質が、外部被ばく、内部被ばくの原因となります。

というのも、「半減期が短い」ということはその分、「核崩壊による放射線の放出回数（ベクレル数）が多い」ということです。なかでも、放射性ヨウ素（I-131）は、高線量のγ線を放出しただけでなく、体内に取りこまれた場合は甲状腺に吸着されて**甲状腺がん**を引き起こすことが、チェルノブイリ原発事故のさいの健康影響としてわかっています。

福島第一原発事故の際には、原発周辺の市町村において、**事前のヨウ素剤の配布**、**事故後の服用の実施**などの指示がほとんど実施されなかった、という苦い事実があります。

2.2　田畑や空き地には雑草が生い茂っていますが、これらをどうすればよいですか？　〈抜根法〉

長らく耕作されていない多くの田畑には、さまざまな雑草が生い茂っていることでしょう。そこで、農機具による「**抜根法**」で、初期的な除染を行います。

ドライブハローで根を掘りおこし、それを「**堆肥化減容ボックス**」に入れて減容する手法です。この単純な方法で、農地の線量が8割近く下がるデータがあります。（⇒**表1**参照）

この方法は、以下に説明する「田畑に使える除染法」に先立って実施することで、より効果的な除染が可能となるばかりでなく、刈り取った雑草を乾燥させ、これを堆肥として再活用して、山林からの「水みち」や汚染水のろ過材としても効果的に役立てることができます。

また、短時間で減容化したい場合には、「**低温燃焼装置**」（122ページ参照）を使って水分を蒸発させて、少量の残渣（ざんさ）に減容することも可能です。

【準備】

・重機（ドライブハロー、排土板）
・「堆肥化減容ボックス（1m^3）」（⇒作り方は本書38〜40ページ参照）
・内部被ばく防止グッズ（マスク、ゴーグル、手袋、長靴、作業着）
・スコップ等
・測定器セット（シンチレーション・サーベイメータ、遮蔽体）
・遮水シート（地下埋設の場合）
・2×4遮蔽ボックス（または、間伐材囲いの遮蔽ボックス）

▼表1　2cm 抜根法の除染前後の放射線量と低減率（%）

測定高さ(cm)	表面線量(μSv/h)	低減率(%)
0cm(初期状態)	4.16	—
0cm(鉛遮蔽体使用)	1.25	—
−2cm(除染後)	1.84	55.8
−2cm(鉛遮蔽体使用)	0.28	77.6

▲写真１　ドライブハローで、根だけを取るように掘り起こす

【手順】

① ドライブハローを調整して、**雑草等の根だけを取るように合わせて、**掘り起こします。(⇒**写真1**)

② パワーショベル・トラクター（または「排土板」をつけたバックホー）で、**表土全面を2～3cm程度すきとります。**(⇒**写真2**)

③ 雑草とその根、さらに2～3cm程度の表土を、**敷地境界に集めます。**(⇒**写真3**)

④ 水田境界部に集められた雑草の根が混在した汚染排土は、1反あたりで20m³ほどになります。

⑤ 1個が1m³の「堆肥化減容ボックス」（38～40ページ参照）を水田境界部へ20個並べ、そこへ雑草と汚染排土と牛糞等を入れて堆肥化減容をすると、冬を除く春、夏、秋であれば2週間で半分程度、3か月で

▲写真２　パワーショベル・トラクターで、表土全面を２～3cm すきとる

▲写真３　雑草と根、表土を、敷地境界に集める

10分の１程度に減容できます。

⑥さらに、その充填した「堆肥化減容ボックス」を水田周囲に置いておくと、水田の周囲から侵入するγ線を遮蔽してくれるので、その後の作業被ばくが少なくなります。

⑦「堆肥化減容ボックス」の中で減容化された堆肥を、**口絵④**の**図２**に示すようにプラドラなどの安全容器に入れて地下埋設すれば、その上部は耕作地として使用できます。

2.3　運動場のような土面は、どのようにしたらよいですか？〈代掻き乾燥法〉

学校の運動場のように、**雑草が生えていない土の表面**に用いる手法です。

小さい面積であれば、〈水分級法〉（本書 49 ～ 51 ページ参照）を使ってもよいでしょう。ここでは、**比較的広い面積の運動場など**の手順を記します。

【準備】

・内部被ばく防止グッズ（マスク、ゴーグル、手袋、長靴、作業着）
・遮水シート、安全保管容器
・盛り土（または、ブロック、発泡スチロールなど土手になるもの）
・水
・スコップ
・幅広のクワ、"とんぼ"のようなもの
・測定器セット（シンチレーション・サーベイメータ、遮蔽体）

【手順】

① まず、土の表面を垂直方法に掘って、遮蔽体付きの測定器で測定をして、**放射性物質が入り込んでいる深さを確認**します。通常は約 2cm 程度と思われます。

② 次に、土面の全体をいくつかの**碁盤の目**（通常の運動場くらいだと、10m × 10m くらい）**の状態に切り分けて、境界に土手を作ります**。そこへ 10 ～ 15cm 程度の**水道水を張ります**。

③ そして、代掻きのように表層を浸透深度（約 2cm 程度と思われる）くらいまで、人力（または熊手をつけた車両で）**攪乱して、微細粒子に付着したセシウムを水に浮かび上がらせます**。

④ 2 日くらいで沈殿物が落ちて、上澄み液が透き通ってきます。

⑤ この後、**水を抜く方法**と**自然乾燥**の方法があります。自然乾燥はシンプルですが、時間がかかります。

⑥ 水を抜く場合には、区分けした場所に排水を順番に使いまわします。

⑦ 時間短縮のために最後に水を抜く場合には、抜いた水のろ過が必要です。

⑧ ろ過する場合には、穴を掘って市販のバーミキュライトを底に敷き、排水を浸透させれば、抜群のセシウム吸着能力で時間短縮できます。

⑨ 乾燥して浮き上がった土部分にセシウムが集まるので、**表層の微細泥の層を幅広のクワやスコップでていねいに剥離し、微細泥の取り残しは、乾湿両用の掃除機で吸引します**。

⑩ 除去した微細泥の層を安全保管容器で保管するのが理想ですが、**遮水シートを敷いた穴に埋めて**、20cm 程度の（汚染されていない）土をかぶせると、地表でのγ線は約 98% 減衰します。

この方法では、降雨があっても拡散しないので、乾燥時間が延びること以外の問題はありません。

なお、最後の⑩の作業は、「反転耕（こねまわしているだけ）」とは基本的に異なります。本手法は、汚染物が分離され、しかも埋設場所がわかっているので、後からの移動などの管理が可能です。

2.4　田畑の除染を、どうしたらよいですか？　〈湛水法〉

田畑のような土表面の広域の土地で、水を張れる場合には、以下の「**湛水法**」がベストです。

【準備】

・重機（ドライブハロー、抜根用）
・内部被ばく防止グッズ（マスク、ゴーグル、ゴム手袋、長靴、作業着）
・パワーショベル・トラクター（または「排土板」をつけたバックホー）
・スコップ等
・安全保管プラドラ容器（または、遮水シート）
・測定器セット（シンチレーション・サーベイメータ、遮蔽体）

【手順】

① 事前準備として、**ドライブハロー等で、雑草の根を抜きます**。
② 雑草を放置したまま、**土地全面に水を張って**、冬季であれば3か月ほど、夏季であれば1か月ほど放置します。(⇒**写真1**)

▲写真１　雑草の根を抜いておき、全面に水を張って放置する

◀写真２　有機物が分解して形成される「トロトロ層」

③ するとバクテリア（タンパク質にセシウムが吸着する）などの微生物やイトミミズ等の小生物が繁殖して**有機物が分解し**、5cm 程度の**トロトロ層**が形成されます。（⇒**写真 2**）

④ 基本的に**自然乾燥**をさせます。冬季で数か月、夏季なら 3 か月程度放置すると、**写真 3** のようになります。

⑤ トロトロ層が乾燥すると、**土壌表面がひび割れた状態**になります。

⑥ **写真 4** は、その**表面に残っている雑草を抜いている**ところです。

⑦ その雑草を引きぬいた裏側は水分があり、少し湿った状態です（⇒**写真 5**）。

⑧ この実験場では、もとの表面放射線量は 4.51μSv/h、遮蔽体使用表面線量は 1.71μSv/h でした。そして、雑草除去した後の土壌では、表面線量が 1.31μSv/h（低減率 69.3%）、遮蔽体使用で 0.23μSv/h（低減率 86.5%）でした。（本書 104 ページ**表 1** を参照）

※遮蔽体を使うと、周囲からのγ線をカットできるので、純粋に表面だけの線量を測定できます。

⑨ コアサンプル分析の結果、**乾燥してできた 2cm ほどの土層に放射性物質が約 96% 集中している**ことがわかっていますので、**この層を重機等で除去**します（⇒**写真 7**）。

※深さ 50cm ほどの土を採取して実験室へ送り、深さ方向の線量分布を調べました。

・湛水をせずに、単に 2cm 抜根法をおこなった場合の除去率は 70% 程

写真３　自然乾燥させたところ

写真１と見比べてください。

◀写真４　表面に残った雑草を抜く

▼写真５　雑草の裏側は少し湿った状態

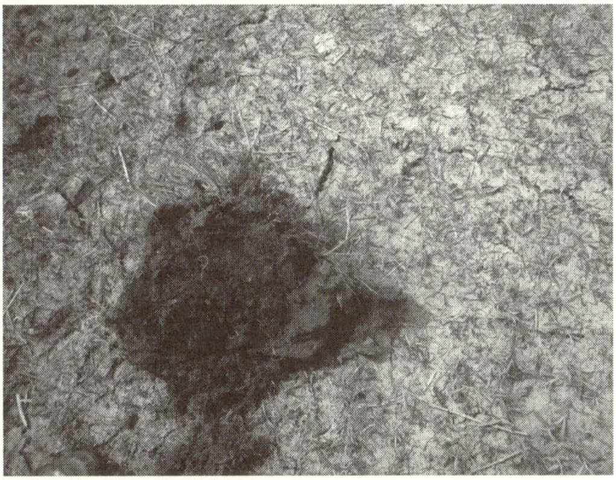

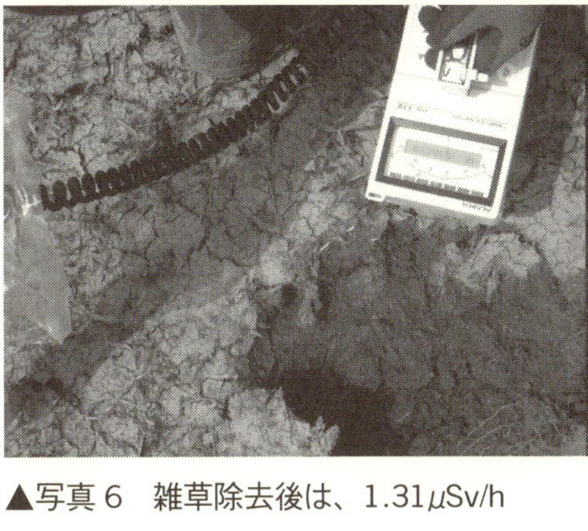

▲写真６　雑草除去後は、1.31μSv/h

▲写真７　2cmほどを重機等で除去する

度ですから（本書 96 ページ**表 1** 参照）、この湛水法の有効性がわかります。

・2cm の表土剥離の後、コメなどの栽培をおこないながら除染をおこなう**バイオレメディエーション**や**翌年に湛水法を繰り返す**ことで、**複利的減衰効果**を期待できます。

⑩ 除去した汚染物質は、**安全保管容器（プラドラ）を中容器として使用**し、**外側にツーバイフォー遮蔽ボックス**で遮蔽します。（本書 159 ページ**写真 13** 参照）

・広域の場合は、遮水シートを敷いた溝に落としこんでフタをする手法で、安く上げる方法もあります。
この場合、表層 2cm を排土板つきバックホーで集め、水田端に掘った穴に遮水シートを敷いて、表土をかぶせ、遮蔽します。

▼表 1　湛水法除染前後の表面線量と低減率（%）

測定高さ（cm）	表面線量（μSv/h）	低減率（%）
0cm（初期状態）	4.16	—
0cm（鉛遮蔽体使用）	1.71	—
−2cm（除染後）	1.31	69.3
−2cm（鉛遮蔽体使用）	0.23	86.5

注：ゲルマニウム半導体検出器で湛水乾燥後の土壌の Bq/kg をコアサンプル測定した結果表層から -2cm までに 96% の放射能密度が蓄積していることがわかった。

2.5　路面、屋根、壁など、固い表面に入りこんでいる場合の除染は、どうしたらよいですか？〈吸引法、クエン酸溶出法〉

路面、屋根、壁などの固い表面、あるいは敷石、樹木の場合、2年以上風雨にさらされているため、高圧洗浄水を用いても、細かなすきまに入りこみ、あるいは素材そのものと結合してしまった放射性物質を、除去することはできません。

路面や駐車場などの場合、とりわけ相対的に低い場所（凹地）には、高線量の土砂がたまっていることも、よく見受けられます。まずは、これらを安全・ていねいに取りのぞいておく必要があります。

最後は、**安全保管容器に収納**してください。これだけでも、相当な効果を期待できます。

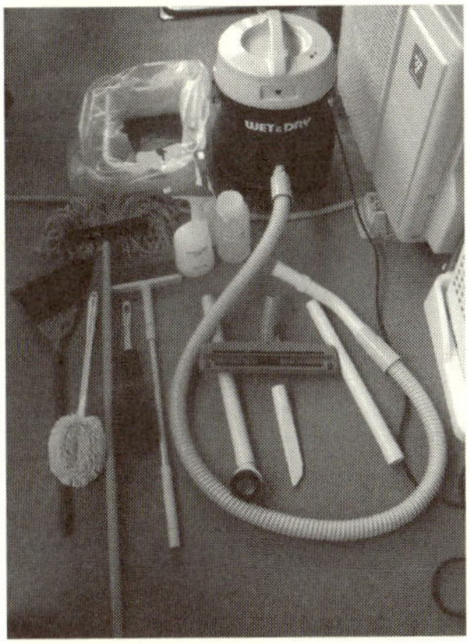

▲写真１　乾湿両用吸引器

以下に、キレート効果（108ページのコラムを参照）を利用した除染法について、説明します。

このときの実験は、マンションのベランダのタイル面で実施しました。

▲写真２　クエン酸入り界面活性剤（横浜の太陽油脂で製造・販売）

【準備】

- マスク、ゴーグル、手袋、長靴、作業着
- 表土除去用の乾湿両用吸引器（⇒**写真１**）
- クエン酸入り界面活性剤（天然素材の洗剤）と、その塗布ボトル（市販のもので可）（⇒**写真２**）
- デッキブラシ等の多様なブラシ類、または、閉鎖系容器内電動ブラシ
- 中間ボックス（バケツ）

▲写真３　クエン酸入り洗剤を、汚染素材表面に散布する

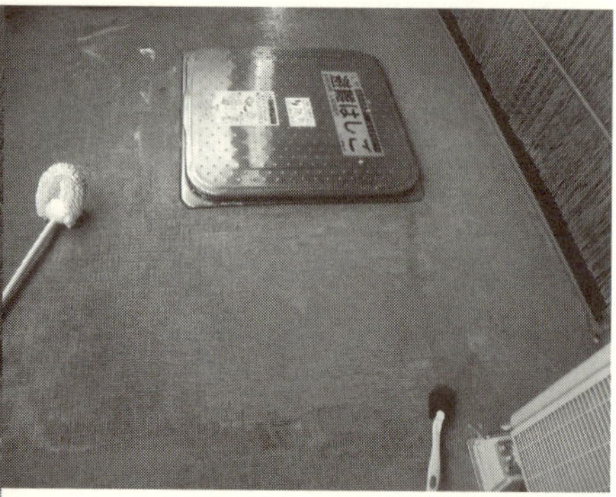

▲写真４　ブラシング後、セシウムを泡に浮かびあがらせる

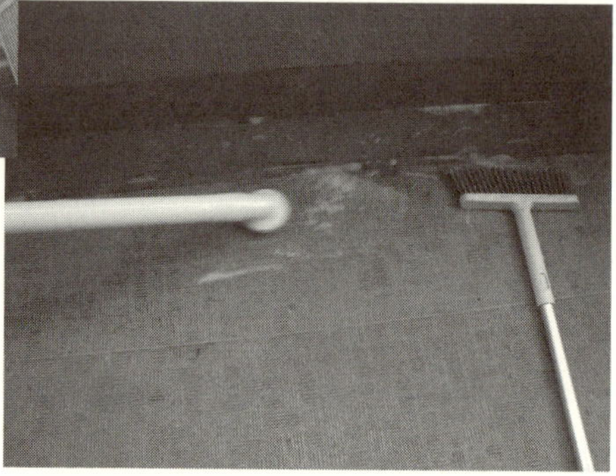

▲写真５　泡を吸引する

・安全保管容器（プラスチックドラム缶）
・測定器セット（シンチレーション・サーベイメータ、遮蔽体）

【手順】

① 事前の線量測定の後に、**クエン酸入り洗剤を汚染素材表面に散布**します。(⇒**写真 3**)

② **ブラシングで、放射性セシウムを、汚染素材から泡へ**浮かびあがらせます。(⇒**写真 4**)

③ 放射性セシウムが浮かび上がってきた**泡を、毛ブラシ付き吸い口（吸**

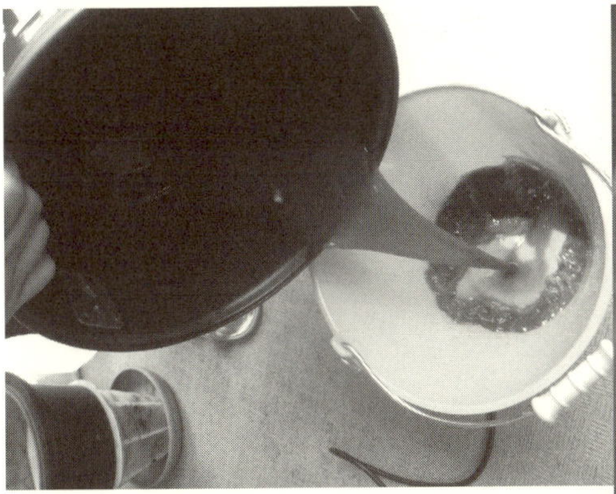

▲写真６　掃除機タンクの汚染水をバケツに取り出す（タンクを洗浄した水も入れる）

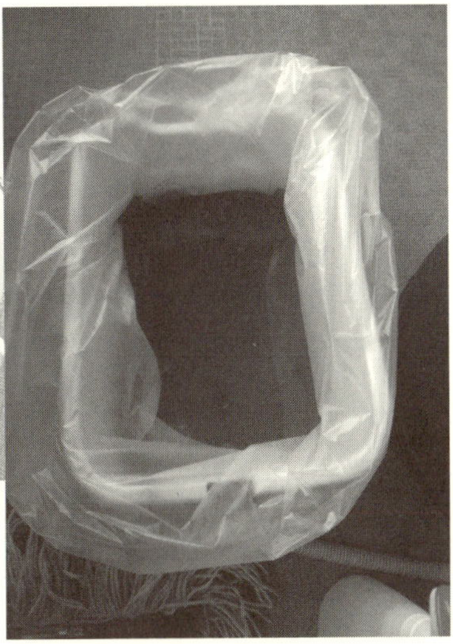

▲写真７　水を自然蒸発させて残渣にする

引器のパーツ）で吸引します。（⇒**写真５**）

④ 掃除機下部の**タンクの汚染水をバケツに取り出し**ます。タンクは少量の水で洗い、その洗浄水もバケツへ入れます。（⇒**写真６**）

⑤ 汚染水の深さが3cm程度であると、約10日間で水が自然蒸発して、**袋の中には微細粒子に付着した放射性セシウムが濃縮されて残渣に**なります（⇒**写真７**）。この時、飛散防止に注意してください。

⑥ それらの**残渣を、安全保管容器（プラドラ）に袋ごと保管**します。

〈コラム〉放射性セシウムを、固い表面から引きはがす「キレート効果」について

(1) クエン酸は、レモンやグレープフルーツなどの柑橘類に含まれており、さわやかな酸味をもつことから、各種のサプリメントに利用されています。

(2) 化学式は $C_6H_8O_7$ であり、COOH で表されるカルボキシル基が 3 個ふくまれています。

(3) クエン酸は、セシウムのような金属イオンと「**キレート錯体**」を作ります。「キレート」とは、原子の立体構造によって生じたすきまに金属を挟みこんでいることから、ギリシャ語の「蟹(かに)のハサミ」を意味する語源からきています。

(4) セシウム（Cs）イオンは結合力が強いので、カルボキシル基の水素（H）と置き換わり、$Cs_3(C_6H_5O_7) \cdot H_2O$ のような水和物になると想定され、汚染素材のセシウムはクエン酸と結合してキレート錯体を形成して、泡に浮かびあがります。

2.6　路面、屋根、壁など、固い表面に深く入りこんでいる場合の除染は、どうしたらよいですか？　〈布剥離法〉

路面等のすきまに入りこんだ放射性物質の除去は、**クエン酸入り界面活性剤（天然素材の洗剤）**と「**貼り布**」をもちいて、**放射性物質をはぎとることで除染**します（以下の手順を参照）。

これで、通常は表面線量で 70 ～ 80% ほどの除染効果があります。

さらに、これをくりかえすことによって、複利的に除去効果をあげることも期待できます。

屋根、壁についても、上記の路面除去の手順を援用できます。ただし、屋根については高所作業になるので、危険をともないますから、高所作業の業者（除染業者でなくても可）に代行してもらうことをおすすめします。

国道など、路面が大面積の場合には、ショットブラストよりは、路面用吸引器（超高圧水噴射吸引システム）のほうが、有効でしょう。

【準備】

- マスク、ゴーグル、手袋、長靴、作業着
- クエン酸入り界面活性剤（天然素材の洗剤）と、その塗布ボトル（市販のもので可。本書 105 ページを参照）
- 閉鎖系容器内電動ブラシ（ライナックス社製）
- 表土除去用の乾湿両用吸引器（本書 105 ページを参照）
- PVA（ポリビニルアルコール）のり（化学のり）
- 刷毛（はけ）
- 貼り布（例：ダイリキ製「ポンジ」＝ノリがついた、うすくて丈夫で安価なポリエステル素材）
- 安全保管容器（プラスチックドラム缶）
- ポリ袋
- デッキブラシ等の多様なブラシ類、または、閉鎖系容器内電動ブラシ
- スコップ、または吸引器

・散水用の水
・測定器セット（シンチレーション・サーベイメータ、遮蔽体）

【手順】

① 最初に、**線量測定**をしておきます。表面線量 2μSv/h 以上の高線量の場合、以下の手順にしたがって、作業をすすめてください。

② まず、**雑草や大きな砂礫を取りのぞいてください**。雑草は本書 171 ～ 172 ページの手順にしたがって減容化したうえで、最終的には安全保管容器で保管します。

③ 専用の**乾湿両用吸引器**で、安全かつスピーディーに、**路面（各表面）に堆積した細かな土砂を取りのぞきます**。このとき、埃（ほこり）を吸いこまないように、乾燥している場合は一度散水して土砂を湿らせてから、除去してください。

④ 除去した土砂は、相当な高線量である可能性が高いので、そのまま汚染物質としてポリ袋に入れて、安全保管容器に入れておきます。（⇒**写真 1**）

⑤ 路面に、**クエン酸入りの界面活性剤を、泡状に塗布**します。市販の塗布ボトルで十分です。（⇒**写真 2**）

⑥ 30 秒程度待ってから、**閉鎖系容器内電動ブラシ**で、路面のすきまに塗布物が浸みこむように、**ブラシング**します。（⇒**写真 3**）この電動ブラシは、埼玉にある電動工具メーカーのライナックス社の市販品を改良していただきました。

⑦ ブラシングを終えて 30 秒程度おいた路面に、さらに **PVA のり**（市販のもので可）を塗って、むらなく刷毛（はけ）で広げます。

⑧ その上に、**布をはって**、デッキブラシなどを使って、ていねいに空気をぬきます。（⇒**写真 4**）

⑨ 布についた PVA のりが乾燥するのを待って（好天の場合は 4 ～ 5 時間程度）、**布を路面からはがします**。（⇒**写真 5**）

⑩ はがした布は、ポリ袋に入れたうえで、④の高線量土砂と一緒に、**安全保管容器に収納**しておきます。

▲写真１　吸引除去した土砂は袋に入れ、安全保管容器へ

▲写真２　路面に界面活性剤を泡状に塗布する

◀写真３　閉鎖系容器内電動ブラシでブラシング

▲写真４　布をはって、デッキブラシなどで空気をぬく（この布は京都の大力で製造・販売されており、あらかじめ布にPVAが塗布してあり、接着力が強化されている）

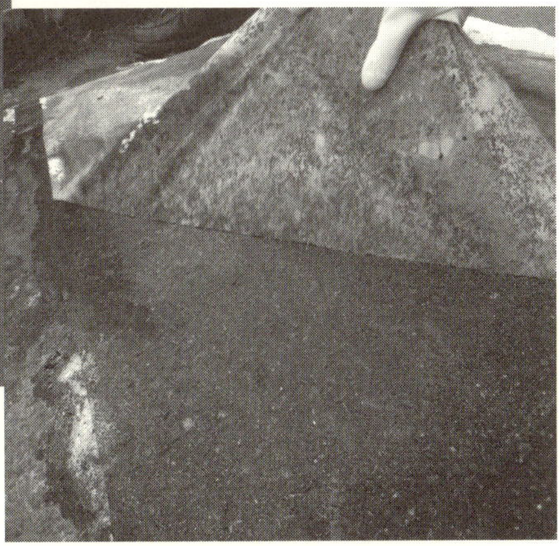

▲写真５　乾燥してから、布をはがす

2.7　山林からの放射性物質移動には、どのように対処したらよいですか？　〈水みちトラップ〉

結論からいえば、**汚染された森林をすぐに伐採することは、得策ではありません**。

その理由は、第一に、伐採すれば大量の汚染材木が発生し、現在の表土剥離による大量の汚染土と同じような、仮置き場および処分場の問題が発生してしまいます。

第二に、伐採した木材をバイオマス発電の材料として焼却すると、焼却灰処理の問題や、二次被害の危険性が残ります。

森林の山すそに位置する住宅周辺の数十メートル範囲の樹木は、γ線の発生源になっているため、どうしても伐採する必要があります。伐採した樹木は、樹皮をはぎ、安全にしてから、**口絵④図2**に示すような「γ線遮蔽用間伐材外囲い」として活用します。

山林から里への経路としては、2年半が経過した現状では、微細粒子に付着し、風にのって山林から里へ降ってくることは、あまり心配はいらないと思われます。

したがって、山林の除染にかんする考え方としては、山林から里へ移動してくる別の経路に注目して、除染するというよりは「**食い止める**」こと、そして**樹木から放射されるγ線による「長期間の外部被ばく」を緩和する**こと、この二点に注力します。

その**経路**としては、地面に堆積した枯葉をふくめた「**腐植質**」や、放射性物質が付着した微細粒子が雨水によって移動する「**水みち**」があります。ここに、**トラップ**をもうけて除染するのです。（以下の手順を参照してください。）

現在、一部の地域では、住宅まわり20mの範囲で、山林の落ち葉・土の回収をしていますが、これだけでなく、**取ったものを安全保管容器に収納して、境界線に積んで遮蔽する**ことで、除去した比較的高線量の汚染物の「当面の置き場所問題」を解決させます。

もちろん、この対策は根本的な解決にはなりません。山菜や薪(まき)の採取に、山林へ立ち入ることは、ひかえるべきでしょう。根本的解決のためには、枯葉・落ち葉・枯れ木などを徐々に回収して減容化し、安全保管容器に移していく作業を進めていく必要があります。

いずれにしても、広大な面積で、膨大な体積をもつ森林・樹木の高線量地域における除染は、拙速な対応を避けるべきと考えています。

広大な森林が放射性物質を吸着して、人間生活への影響を少なくしてくれました。その自然の摂理に感謝して、ひとまず「自然にゆだねる」ことにしましょう。放射線量が低下してくれば、間伐などを実施して、バイオマス発電などに利用できます。当面は、水みちから落下してくる放射性セシウムと、住宅周辺のγ線侵入は止めなければなりません。

【準備】

・間伐材
・金網（細かな網目のもの）
・マスク、ゴム手袋（薄くて丈夫なものが望ましい）、長靴、作業着
・スコップ（あれば乾湿両用吸引器）
・安全保管容器
・ポリ袋
・測定器セット（シンチレーション・サーベイメータ、遮蔽体）

【手順】

① 間伐材（丸太）に、金網を巻きつけます。(⇒**写真 1**)
② 金網を巻きつけた間伐材（丸太）を、水みちに沈めます。(⇒**写真 2**)
③ トラップとなる金網つきの間伐材の下を水が流れ、水みちの上流側（⇒**写真 3** の左がわ）に、腐植質や汚泥が沈殿・堆積します。(⇒**写真 3**)
④ トラップ上流の土壌（⇒**写真 4** の左）と、下流の土壌（同右）を比較すると、上流土壌は微細泥が多く、下流は粒子の大きな岩石成分が多いことがわかります。

◀写真１　間伐材に金網を巻きつける

▶写真２　水みちに沈める

◀写真３　水みちの上流側（左がわ）に、腐植質や汚泥が沈殿・堆積

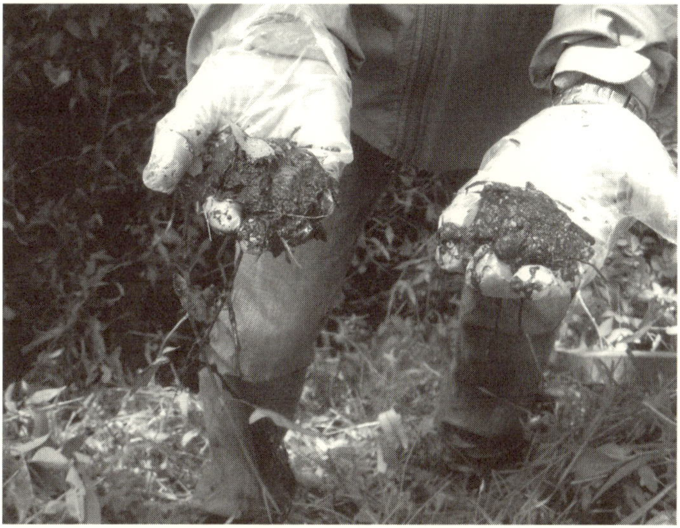

▲写真４　上流は微細泥が多く、下流は岩石成分が多い

⑤ たとえば、この実験場所では、上流の水中汚泥の表面線量は 2.14μSv/h、それに対して、下流側では 1.95μSv/h と低くなっています。他の斜面水みちの測定を実施した結果、流れのはやい川底では微細粒子が少なくなっているため、表面線量が低くなることを確認しています。

⑥ この上流側微細泥は、スコップ等で除去します。あるいは、できれば上澄み水を減らす工夫をした後に、バキューム吸引する方法もあります。

⑦ 汚染水は、近場に穴を掘ってバーミキュライトを含んだ土を敷き、浸透させます。これで、汚染水に残った放射性物質の大半がろ過されます。

⑧ 除去物（残渣）は、乾燥・減容化して、安全保管容器に収納します。自然にできたトラップ層（落ち葉、枯れ木、枝などの堆積場所）が多くあります。もちろんこれらも見つけては回収して、同じように乾燥・減容化して、安全保管容器に収納します。

2.8　ため池は、どのように除染したらよいですか？

山間部には、**水田用の貯水池**があります。この**水底に、放射性物質が蓄積**しています。(⇒**写真 1**)

通常、ため池には水門があって、農閑期には水をぬくことができますから、水門を開けて水をぬき、水底の泥部を乾燥させ、亀甲状に割れ目ができたところで（⇒**写真 2**)、この半乾燥汚泥を 2cm 程度除去します。

この部分に放射性物質の大部分が蓄積しているので、さらに乾燥させて減容化し、安全保管します（⇒本書 3.1 以降を参照)。

【準備】

・マスク、ゴーグル、手袋、長靴、作業着
・ボート（測定用）
・ビニール袋（線量計を入れて水に沈めるため）
・排水受け容器
・スコップ、パワーショベル等（汚泥剥離用）
・線量計（シンチレーション・サーベイメータ）
・鉛遮蔽体

【手順】

① 水をぬく前に、線量計を水に沈めて、**深さ方向の放射性物質の分布を確認**します。
　・比較的水面付近まで放射性物質が広く分布している場合には、水のままでバキューム吸引して、乾燥堆肥ろ過材に吸収させるか、沈殿分級をおこなうか、別法をとります。

② **放射性物質が浮遊していない水準（深さ）まで、水門を開けて水をぬきます。**
　・念のため、排水（上澄み液）を受けて、線量を測定し、0.1μSv/h 未満であることを確認して、地下浸透、または河川等へ排水します。

③ 放射性物質の浮遊水深に達したところで水門を閉じ、その後は**自然乾燥**させます。

・池底に亀甲状の割れ目ができる程度まで自然乾燥させます。(⇒**写真2**)

④ 汚泥表層に放射性セシウムが蓄積しているので、**表層 2cm 程度を除去して安全保管**します。

▲写真１　水田用のため池

▲写真２　池底に亀甲状に割れ目ができるまで、自然乾燥させる

2.9 「農業」と「除染」を同時に進めることは、できますか？

植物や微生物などの性質を活用して、汚染土壌から放射性物質を吸収させ、土壌をもとの状態に、徐々に戻していくことができます。これを、**バイオレメディエーション**といいます。

この性質を利用すれば、農業生産物（たとえばコメ）を、非食用製品の製造に活用しながら収益をあげつつ、同時に除染を進めていくことができます。

ただし、農作物がどのくらい放射性物質を吸収してくれるのかという「**移行係数**」は、あまり大きくはありません（次ページの**図1**を参照）。

一時期、ひまわりに吸収させようというプロジェクトがありましたが、期待されたほどの効果はありませんでした。

したがって、バイオレメディエーションという技術は、「農産物・植物による放射性物質の吸収・除去」もないわけではないのですが、「農産物という原材料の有効活用」にこそ、魅力があるのです。

もちろん、線量の高低を問わず汚染米となってしまう地域であれば、（風評被害を含めて）食用にはできません。

しかし、汚染米あるいはその懸念があるからといって、焼却処分や、倉庫に眠らせたままにしておくようでは、最初から別の（本書に記したような）除染法を選択すべきです。

農業生産物が有効に活用されて収益をあげてこそ、バイオレメディエーションが、農家の皆さんにとって最も重要な「生産意欲」や「生き甲斐」というメリットを与えてくれるのです。

実は、**バイオエタノール技術**によって、コメ等からアルコールを精製するプロセスでは、アルコール製品にセシウムなどの放射性物質がふくまれないことが確認されています（次ページの**図1**を参照）。

図1には、①汚染土壌の放射性セシウムがどのようなメカニズムで根に吸

▼図1　土壌から稲・米に放射性セシウムが吸収されるしくみと、バイオエタノール化

〈アルコール生産のプロセスフロー〉

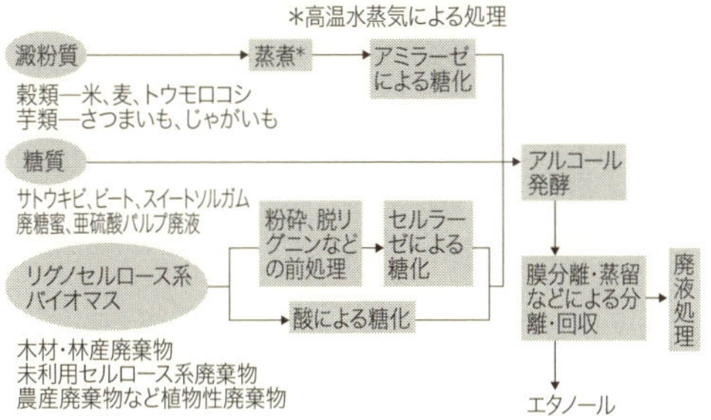

注：木質科学研究所木悠会編
『木材なんでも小事典』講談社
ブルーバックスより引用

〈白米からバイオエタノール製造工程における放射性セシウムの動態〉

製造工程中の物質名	重量(g)	放射性Cs量(Bq/kg)
原材料白米	300	221〜222
↓ 蒸留水900ml、αアミラーゼ8ml添加		
澱粉液化による液化物	1220	57.8〜72.1
↓ 酵母10ml、グルコアミラーゼ8ml添加		
複発酵によるもろみ	1110	70.9〜71.3
↓ 蒸留		
粗留エタノール	112	ND
↓		
蒸留残渣	996	71.7〜73.0

注：農研機構、ホームページ「白米からのバイオエタノール製造時における放射性セシウムの動態の解析」よりデータを引用して作成

水稲の器官のセシウム137の分布

水稲の器官名	セシウム137の分布割合(%)
白米	5
糠	12
もみ殻	6
稈(茎)	12
上位葉鞘	13
下位葉鞘	10
上位葉身	4
下位葉身	38
合計	100

白米、玄米への移行　移行係数＝(米の放射能密度)/(土の放射能密度)

白米の移行係数	玄米の移行係数	比(玄米/白米)	測定条件
0.0026	0.0068	2.6	全国14〜15カ所の平均
0.009	0.028	3.1	トレーサー実験からの測定値

引用文献1：ホームページ：tumu-tumu-tsumura.blog.so-net.ne.jp/20011-8-22より放射能汚染基礎情報：米と土壌の137Cs、90Sr汚染「tumu-tumuツムラの掲示板」
引用文献2：津村昭人他「土壌及び土譲―植物系における放射性ストロンチウムとセシウムの挙動に関する研究」、農技研報B、1984年、%

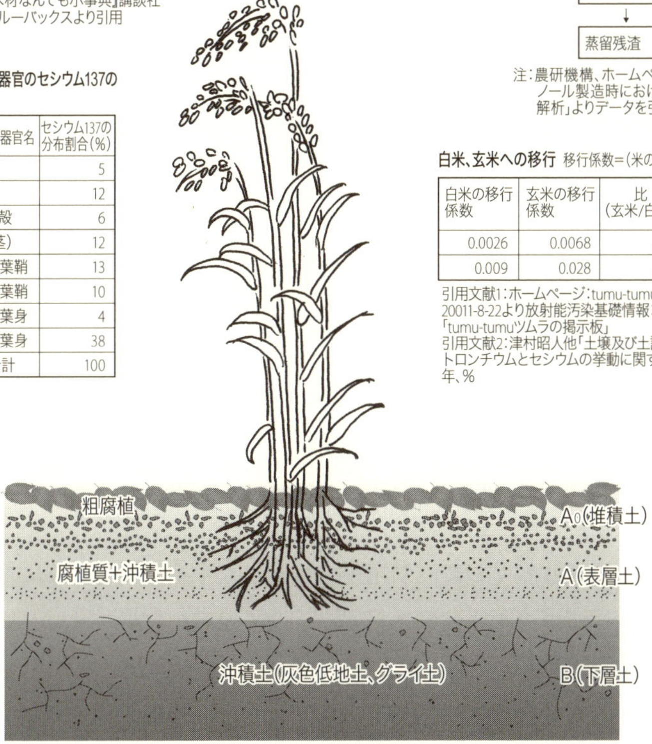

経根吸収したセシウム137の器官別分布

水稲器官名	セシウム137の分布割合(%)
第5葉	1.2
第5葉鞘	3.8
第6葉	2.4
第6葉鞘	2.2
第7葉	3.4
第7葉鞘	2.8
第8葉	0.7
第8葉鞘	0.3
根	83.2
合計	100.0

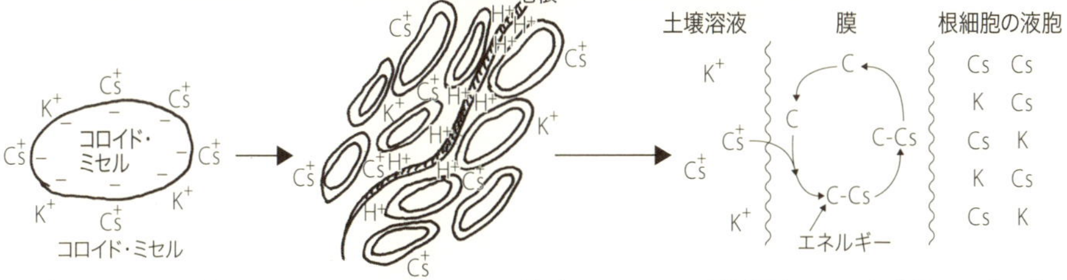

土壌コロイド・ミセルの表面は一帯電しており、そこにCsが結合する

コロイド・ミセルのCs＋と毛根表面のH＋がイオン交換して入れ換わる

土壌溶液中のCs＋は担体（キャリア）Cと結び付いて膜を通過し、根細胞の液胞に取り込まれる

注：J. W. ムーア著『環境理解のための基礎化学』東京化学同人、284p、285pを参照して作成した

収されるのか、②稲の各部位における移行係数、③米や稲わらからエタノールがどのように生産されるのか、④エタノール生産過程で製品のアルコールから放射性セシウムは除かれ、残渣へ移行すること、が説明されています。

つまり、**放射性物質は、すべて“しぼりかす”のがわに残る**、という性質があります。

この「**アルコール製品であれば安全である**」という性質を利用して、たとえば消毒用アルコールのような商品を、コメや稲わらから作りだして販売する、という新たなしくみを提案する人もいます。

このしくみができれば、**農業による非食用の安全な商品で収益をあげつつ、同時に農地の除染を、少しずつですが着実に進めることができる**のです。

しかしながら、現在、アルコールの原材料はブラジルなどからの輸入がほぼ全量を占めていて、しかも日本の場合、その輸入、精製、製品化、販売にいたるプロセスには、事実上の規制がかかっています。

つまり消毒用アルコールを自由に製造したり、販売したりできないしくみになっています。

そこで、**原発被災地たる福島県全域を、除染と農家蘇生のため、「アルコール製造および販売特区」として指定する**ことができれば、この問題も解決するでしょう。英断が待たれるところです。

放射能被害によって、多くの農家が田畑を奪われ、生業を失うことになりました。とりわけ、避難をよぎなくされている農家の方がたは、米づくり再開のめどもたたない状況です。

一方、農業の再開を急ぐあまり、カリウムを農地に散布して土壌から農産物への放射性物質移行を抑制する手法が推奨されているようですが、仮にこの手法で出荷した農産物が 100Bq/kg（1kg あたり 100Bq）未満の数値であったとしても、これでは他の産地と比べられたら選ばれません。残念ながらそれが現実です。

線量が高くない地域の農家も、安心はできません。

福島県産の農作物をとりまく情勢はきびしく、放射能による実害がなくても、実害なき風評被害が今後もえんえんと続く、と考えざるをえません。

消費者の忘却を待っているだけでは、問題の解決に近づくことはできません。**大切なことは、生業復帰につながること、田畑で農業を再開し、収入を得て、社会貢献に復帰すること**です。

2.10　刈り取った雑草などを乾燥させたものを、どのように処理したらよいですか？

一つは、刈り取った場所に、**間伐材等で自作した堆肥ボックス類を設置**して、そのなかに一時的に収納して、乾燥・減容化させます。(⇒本書 36 ～ 38、171 ページを参照)。

また、乾燥させるための場所がない場合や、早急に減容化したい場合には、**金属触媒によって 80℃程度で低温燃焼させる装置**を使って、2 時間ほどで蒸し焼きにして、放射性物質を減容化する方法があります。

【手順】

① これが**高速低温減容器**（1m^3 タイプ）の外観です。(⇒**写真 1**)

② 減容する放射能汚染有機物（**写真 2** では、飯舘村の笹や野菜など）を、持ち寄ります。(⇒**写真 2**)

▲写真 1　高速低温減容器（福島市庄司商店で小型トラックに乗せた移動式でリースの取り扱いをしている）

▲写真 2　放射能汚染有機物を持ち寄る

▲写真３　減容器のなかに、有機物を投入する

▲写真４　80℃程度に熱したときの減容器のなかのようす

③ 減容器の中に、20kg の有機物（雑草や野菜など）を、投入します。（⇒**写真３**）

④ 20 分後に、金属触媒によって 80℃程度に熱せられます。**写真４**は、このときの減容器の内部のようすです。

⑤ **減容器のなかに水蒸気が発生**しているようすです（⇒**写真５**）。この水蒸気は、冷却水として回収しますが、この水のなかにはセシウムが含まれていないことを、すでに確認しています。

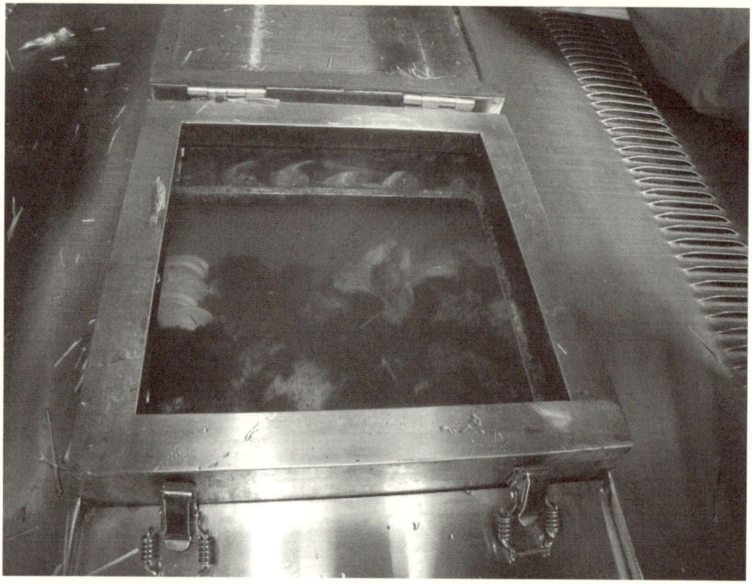

▲写真５　減容器のなかに水蒸気が発生している

⑥ 最後に、**減容された残渣を、安全保管容器に収納**します。

⑦ この減容器は、自家発電機とともに小型トラックにのせ、移動式にして、機動的使用ができるようになっています。

2.11　除染の前に、いちいち放射線量の測定をする必要があるのですか？

除染のためには、「**汚染の状態を知る**」ことが必要です。つまり、線量の測定は、除染を効果的に行うために不可欠です。

本書で示した除染法のほとんどは、「**むだなことはしない**」、「**最小限の作業をする**」、「**作業時間の短縮で、外部被ばくを最小限にする**」、というコンセプトで統一されています。

さらに、測定は、「**効果を実感させてくれる**」というメリットもあります。

よって、測定は、少々面倒でも、以下に示すように、「**正しい道具**」と「**正しい手順**」でおこなってください。

福島県をはじめとした多くの自治体では、比較的高性能な測定器を無料で貸しだしています。これらを借りたうえで、安く、かんたんに自作できる鉛遮蔽体と一緒に使えば、だれでも、かんたんに、正確な測定ができます。

【準備】

・シンチレーション・サーベイメータ（⇒**写真1**）

➢ 日立アロカ社製がよいでしょう。約50万円です。精度がよく、検出部をビニール袋に入れれば、水中測定も可能です。だれもが信頼できるデータとなるので、後々、風評被害対策の一環としても活用できます。

➢ 通常、福島県内の自治体であれば、メーカーを問わなければ、無料で借りることができます。

➢ 研究用の分析データとしては、放射能密度（Bq/kg）の分析を

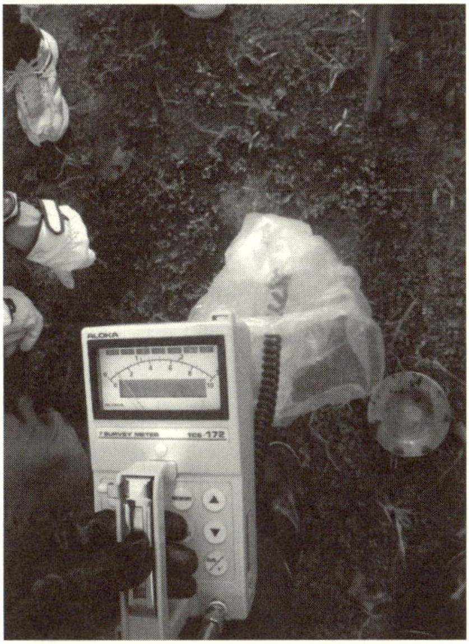

写真1　日立アロカ社のシンチレーション・サーベイメータで土壌の表面線量を測定中。鉛遮蔽体を使用

おこなって、裏づけデータとしています。

・これは、自力除染の実践段階では必要条件ではありませんが、外からの影響がまったくないので、正確な浸透分布がわかります。どれだけ取れば、何％低減できるかを、正確に把握できます。

・**厚さ 2cm 鉛遮蔽体**（周辺線量の 8 割をカットできる）

➢ 鉛遮蔽体は、1 万円程度の費用で自作できます。（⇒本書 43 ページの**写真 1** を参照）

【手順】

① すべての測定は、「**鉛遮蔽体を使用しない測定**」と、「**使用した測定**」の両方を、必ず実施します。

・遮蔽体を使用すると、周囲の線量からの影響を受けないので、その表面だけの線量を知ることができます。

② 田畑のような土面では、事前の線量を、高さ 1m（空間線量）、50cm、1cm（表面線量）で測定をします。

・ホットスポットの程度を知るためにも、**空間線量**と**表面線量**の測定値は、欠かせません。

③ つぎに、深さ方向に、土面を 1cm ずつ掘って、測定していきます。

・これで、（放射性密度（Bq/kg）の分析をしなくても）どれだけ土を除去したら、どれだけ線量が下がるかを、“その場で知る”ことができます。

表 1 に、事前測定記録表の書式の事例を示します。記録紙には、**測定日時**、**測定者**、**測定器の種類**、**測定単位**、**測定場所の特徴**、**汚染の範囲**、などを書きこめるようにしておきます。

放射線量の測定は、時定数 10 秒（放射線量の変動が激しい場所では、時定数を 30 秒にする）で、読み取り数値が上がったり下がったりして上下変動幅が小さくなり、安定してから、5 回測定し、その平均値を採用します。

▼表1　郡山市冨久山町市営住宅の事前測定記録表の事例

測定日：2013年8月26日13時～
測定者：町内会の大泉さん、村上さん、鈴木さん、荒川産業の田中さん、山田
測定器：日立アロカ社製のシンチレーション・サーベイメータで5回測定して平均値を採用、厚さ2cmの鉛遮蔽体を使用
測定単位：μSv/h
測定場所の特徴：市営住宅玄関入り口4か所周辺のコンクリート、敷石、バラス、雨水升。建屋ベランダ側の雑草地、雨水升、ベランダ。市営住宅敷地外側道路角の雨水升、側溝など。
汚染の範囲：建物周辺のコンクリート、敷石、雑草などは0.4～0.8μSv/h程度の表面線量、雨水升は3～10μSv/h程度の表面線量

No.7（玄関前の雨樋下の雨水升、向って右端にある雨水升）

測定高さ（cm）	1	2	3	4	5	平均
100	0.4	0.4	0.4	0.41	0.41	0.40
50	0.7	0.69	0.7	0.69	0.69	0.69
0	1.26	1.24	1.23	1.21	1.24	1.24
雨水升土の表面	6.3	6.36	6.34	6.38	6.36	6.35
-5	6.28	6.3	6.23	6.28	6.38	6.29

No.12（ベランダ側中央部の雑草）

測定高さ（cm）	1	2	3	4	5	平均
100	0.61	0.6	0.61	0.62	0.61	0.61
50	0.69	0.69	0.69	0.69	0.7	0.69
0	0.93	0.93	0.93	0.93	0.93	0.93
遮蔽体使用 0	0.37	0.38	0.38	0.39	0.39	0.38

2.12　放射性廃棄物の焼却灰は、どのようにすればよいですか？〈水洗浄分級法〉

環境省は2012年に、福島県だけでなく、群馬、栃木、茨城、千葉、東京都など1都10県の87,884トンを「**指定廃棄物**」に指定しました。

指定廃棄物とは、「放射能濃度が8,000Bq/kgを超える、放射性物質汚染対処特別措置法に基づき環境大臣が指定する廃棄物」のことです。

福島県内の、双葉郡を中心とした市町村で、警戒区域または計画的避難区域では、放射性廃棄物を「対策地域内廃棄物」として、国が責任をもって処理することになっています。

また、福島県外のように対策地域外であっても、8,000Bq/kgを超える廃棄物は、特別措置法に基づき「指定廃棄物」として国が処理することになっています。

一方で、8,000Bq/kgを下まわる廃棄物は、廃棄物処理法に基づき、自治体や廃棄物処理事業者が従来どおりの処理をすることができます。

2012年11月2日現在、県別の指定廃棄物量は、福島県が69,883トン、栃木県が7,354トン、宮城県が3,250トン、茨城県が2,689トン、千葉県が1,018トン、新潟県が1,018トン、東京都が982トン、群馬県が749トン、などとなっています。

中身として、一番多いのはごみ焼却灰、二番目が下水汚泥、3番目が稲わらなど農業系廃棄物、4番目は浄水発生土、とつづきます。

環境省は、2012年9月に、栃木県矢板市、茨城県高萩市の国有林を、**最終処分地の建設地候補**として決定しました。しかし、地元住民や市長が猛反対して、この計画は頓挫しました。

仕切り直しとして、各市町村単位で最終処分地の建設を検討することになりましたが、この計画にしても、市町村内の指定廃棄物が居住地域以外から運びこまれることになり、最終処分地候補となった地元住民が反発するのは、当然でしょう。

地元住民の反対、計画の大幅な遅れ、その結果予算が消化できないという状態は、仮置き場、中間貯蔵地における構造的問題ですが、汚染焼却灰の置場問題もまったく同じ構造であり、解決の出口は見えてきません。

また、新たな問題も生じています。2013 年 8 月から稼働した福島県鮫川村の仮設焼却炉実験、福島県内の塙町、飯舘村、南相馬市で計画されている木質バイオマス発電計画での問題点は、「**行政区域を越えて大量に持ちこまれる汚染バイオマスの焼却灰を持っていく先がない**」ということです。

放射能汚染焼却灰の多くは、$1m^3$ の大型袋（フレコン＝フレキシブル・コンテナバッグ）に詰められ、その上からブルーシートをかけられて、ごみ処理場や下水処理場の空き地や倉庫に一時保管されています。

フレコンの表面からγ線が周辺に飛んでくるので容易に近づけませんし、**フレコンの耐用年数が過ぎてくれば、放射性物質の飛散の恐れもあり**、保管状態が保てないことも想定されます。

たとえて言うと、押し入れに汚れた衣服も雑貨もごちゃまぜにして詰めこんだ状態で、一時保管されているようなものです。

多くの市町村から「倉庫がもうすぐ満杯になる」という、悲鳴に近い声が、新聞紙上やネットでも、多く紹介されています。

「8,000Bq/kg 以上の廃棄物は国で保管し、それ以下では廃棄物処理法に基づき、自治体や廃棄物処理事業者が従来どおりの処理をすることができる」というたてまえですが、現実には、8,000Bq/kg 以上の廃棄物についても、市町村単位で最終処分地をつくることになっていますし、8,000Bq/kg 以下の廃棄物を引きとってくれる民間廃棄物処理業者も、ほとんどありません。

どちらにしても、**市町村が、大量に保管している放射能汚染焼却灰を高濃度と低濃度に分離し、減容し、そして安全保管容器に入れて近場に置く**しか道は残されていないのです。そのことを覚悟する必要があります。

そして国は、資金面において、市町村を全面支援する義務があります。

そこで、放射能汚染焼却灰を高濃度と低濃度に分離し、減容する方法が、「**水洗浄分級法**」です。

放射性セシウムは、微細粒子に優先的に付着しています。微細粒子が水のなかでかき混ぜられ、浮き上がると、沈降するまでに時間がかかります。

大きな粒子は早く沈降し、微細粒子は後からゆっくり沈降する時間差を利用して、高濃度と低濃度に分離することができます。

高濃度焼却灰は微細粒子なので、分級後の除去体積は、大幅に減容することができます。

水洗浄分級は、道路端や駐車場境界部のホットスポットの形成や、下水汚泥への放射性物質の高濃度濃縮、池や湖沼の底への放射性物質の濃縮など、自然界で日常的に生じており、その原理をゴミ焼却灰分級に応用するのです。

焼却灰が本当に水洗浄分級できることを確認するために、大学の実験室で、**たき火の焼却灰の水洗浄分級**をおこないました。

【手順】

① 筆者の所属する大学のキャンパス内の炭焼き窯（がま）を使用して、炭焼きを実施したときの、**たき火の焼却灰をプラスチックバケツに水とともに入れた状態**です。灰が浮きあがってきています。（⇒**写真 1**）

② 洗いあがった焼却灰の、炭のかたまりなどの形状が明確に見えるようになった状態です。5回の**水洗浄分級**を実施して、洗いあがった状態です。（⇒**写真 2**）

③ にごり水を取りわけて、**沈殿した微細な焼却灰残渣**です。約半日で沈殿し、上澄み液は透明になりました。水洗浄によって分級された、微細な灰の残渣です。（⇒**写真 3**）

今回は、放射能に汚染されていない焼却灰の水洗浄分級実験であったため、どの程度の放射能低減効果があったかは測定できていませんが、5回の水洗浄によって分級できることは確認できました。

焼却灰の**本灰**、下水汚泥の**焼却灰**などは、水洗浄分級が可能であると考えられます。

▲写真１　たき火の焼却灰を、バケツに水とともに入れる

◀写真２　水洗浄分級をして洗いあがった焼却灰の状態

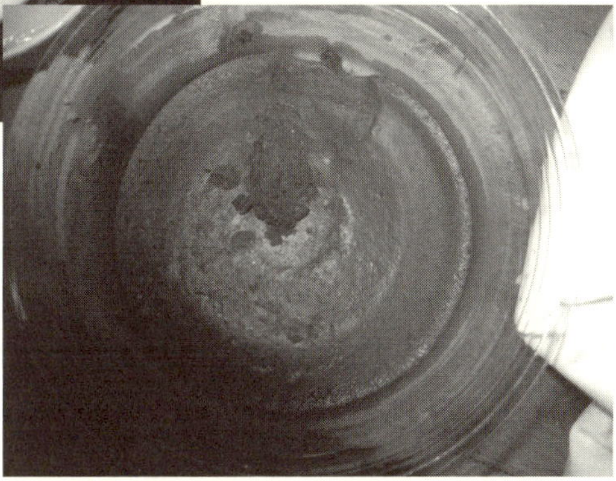

▶写真３　沈殿した微細な焼却灰残渣

大量の焼却灰を水洗浄分級するには、シックナー（粉体工学会編『液相中の粒子分散・凝集と分離操作』日刊工業新聞社、2010年1月発行、128ページ参照）など、既存の大型装置を活用することも可能です。

新たに建設予定のごみ焼却場、バイオマス発電所の問題点とは、「**焼却によって生じる焼却灰を、安全処理して近場へ置けるか**」ということに尽きます。

そのことを考慮すれば、まずは、既存の焼却炉の焼却灰安全化処理について、実績を示す必要があるでしょう。

その実績を踏まえて、新たな焼却炉、バイオマス発電所を作るとしても、持ちこまれるゴミ焼却場や汚染バイオマス発電は「市町村内の汚染物を焼却する規模」に限定すべきです。

〈コラム〉焼却灰水洗浄分級法の原理と効果

汚染土壌や焼却灰を分級するさい、それらを構成している成分の化学的形態を把握しておくことが大切です。

国立環境研究所の大迫政浩氏がホームページで公開しているので、貴重な資料を**表1**に要約引用して、説明します。

▼表1　種々の焼却灰成分のセシウム137汚染の化学形態存在比率

	一般焼却主灰	一般焼却飛灰	下水汚泥焼却灰	備考(抽出法)
残留物態	81.9	11.4	68	濃塩酸、硫酸分解残留物
水溶性画分	3.3	67.7	2.1	水投入・振とう後の溶融分
イオン交換態	8.3	11.9	4.9	酢酸アンモニウム抽出分
炭酸塩態	0.9	4.8	2.3	酢酸ナトリウム抽出画分
酸化物態	5.6	4.3	22.8	ヒドロキシアミン抽出画分
有機物・流化物態	—	—	—	過酸化水素抽出画分

（単位は存在比率：%）

注1：国立環境研究所、大迫政浩著「放射性物質汚染廃棄物の適正処理に向けた課題（産業技術連携推進会議地圏環境部会合同研究会、放射性物質に関わる緊急セミナー、2012年2月24日開催）」より要約して引用。

注2：セシウム134の化学形態存在比率はセシウム137とほとんど同様の傾向を示す。

岩石成分の残留物態が高比率である**一般廃棄物主灰、下水汚泥焼却灰**では、**水洗浄分級法で十分に分級が可能**であり、分級された砂以上の粒子成分には放射能密度（Bq）が低減され、シルトや粘土という微細な成分に放射性セシウムは吸着されて沈殿するので、洗浄水の上澄みには放射物質はほとんど残りません。

一方で、一般廃棄物飛灰の場合は、水溶性画分である塩化セシウムが中心であり、水洗浄によってセシウムが水に溶けた状態になります。

そのため、粗い粒子が沈殿後、上澄み液をとりわけ、自然蒸発させてしまえば、塩化セシウム結晶が残渣として底に残るので、かんたんに分級できます。

ごみ焼却灰の組成は、SiO_2（40%）、CaO（20%）、Al_2O_3（15%）、Fe_2O_3（5%）、その他（20%）と、組成はわかっています。

また、以下のような焼却灰分級に関する研究文献（①荒巻憲隆他「都市ゴミ焼却灰の有効利用に関する基礎的研究」土木学会関西支部発表会、1999年3月、②為田一雄他「環境修復における分級効果に関する研究」第17回廃棄物学会研究会発表論文集、2006年）より、粒度分布はわかっており、**焼却灰の水分級（湿式分級）は可能である**こと、**分級によって重金属成分の溶出が減少する**こと、**埋め立て材などに再利用が可能である**ことが紹介されています。

ごみ焼却灰の本灰、下水汚染焼却灰、浄水発生土などは、水洗浄分級法を実施すれば、かなりの部分は8,000Bq/kg以下に下げることができます。

そうすれば、指定廃棄物からはずれ、市町村がこれまでと同じように処理することが可能となります。

水洗浄分級し浄化された土壌は、重金属の溶出リスクも減少することが、これまでの研究でわかっています。

水洗浄分級後の焼却灰は、①**高濃度の微細粒子**と、②**低濃度の有機物残渣**に分かれます。

低濃度有機物残渣はまだ燃焼可能なので、もう一度焼却炉にもどして、減容できます。

高濃度焼却灰は、本書の「γ線遮蔽安全保管容器の構造と近場へ置くことの効果」（31 〜 38、141 〜 147 ページ参照）で述べた方法にしたがって、放射性物質をもれてこないように閉じこめ、放射線は安全保管容器の表面線量で 0.2μSv/h 以下にします。

そのようにしてしまえば、すでに体積は減容化されているので、当面は倉庫にそのまま保管しておくことも可能です。

または、安全容器に保管すれば、山林や土手などからのγ線遮蔽体として、当該市町村内の近場（たとえば公有林山裾のγ線遮蔽用、公有埋立地の地盤固め用埋め戻し材など）へ置くことも、可能でしょう。

〈インタビュー〉除染はできない!?——山田先生に聞く

聞き手＝編集長

藤原　多数の一般人は「除染はできない」と思っていますが、国も明確に「除染ができる」と示してもいません。どのようにすれば、「除染ができる」といえるのでしょうか？　先生が手弁当で福島にかよったこの2年で、「除染はできる」と確信をもった経緯を教えてください。

山田　この2年間、福島へかよい、現場で実施した数々の実験をつうじて、「除染はできる」と確信しました。一方、2年が経過しても、国の除染方法は行きづまっています。自治体主体の除染方法も、すすんでいません。たとえば、土壌10センチ剥離して隔離する方法、高圧水洗浄で汚染物質を飛ばす方法、この二つは効果がないか、あるいは行きづまっていることは、明白です。

そこで、国や業者に依存したものではなく、住民自身が除染をする方法を発想しました。土壌には、およそ2センチに汚染物質が集中していることがわかったので、あらかじめどこまでの深さまで浸透しているかを測定してから、2センチをめやすに、ていねいに汚染土を除去します。この2センチ剥離だけでも、線量の約7割が減衰することがわかっています。

また、それらは有機物を多く含む土なので、この除去物を、さまざまな工夫によって、1割程度に減容化できます。

藤原　なぜ国は、こうした有効な方法を、業者にやらせないのでしょうか？

山田　土壌の深さ方向への分布を事前に測定して、どこまで浸透しているかを把握することなく、2013年5月までの旧ガイドラインでは歯止めがきかない形で中途半端に剥離深さを決めてしまったことが、原因の一つです。

次に、大手ゼネコンに委託することを前提として、大型重機で一気に進めることができる単純な手法に限定していることも問題です。「早くすすめてくれ！」という福島県の切実な声に対して、アリバイづくりに走ったようにも見えます。

そこで、各地域の人たちが、自分たちの力で、自分たちの周辺の除染作業を手わけして進める方法を、提唱しているのです。

集めた放射性物質は、もともとあった場所（福島第一原発）に戻すべきなのでしょうが、当面は各敷地内に安全に保管することを提唱しています。

正しい方法なら、線量は確実に下がります。その方法は、やろうと思えば、だれでも簡単にできます。

藤原　敷地内や近場に除去物を保管した場合に、線量の心配はないのでしょうか？

山田　そのために、安全に保管ができる方法も合わせて研究して、数種の安全保管容器を開発しました。さらに、放射性廃棄物を充填した安全保管容器は、山林・森林等からのγ線を遮蔽するツールとして使うこともできます。

3
Q&A
安全保管の方法とは？

安全保管容器とその置き場所

第2章の方法で集めた放射性除去物は、γ線を出していますから、そのままでは危険です。

危険なものを保管したり、運んだりするときには、γ線を遮蔽したり、拡散を予防したりと、さまざまな特別な工夫や注意が必要です。

そこで本章では、「**安全に封じ込めること**」、さらに「**放射性除去物を封じ込めた容器をγ線の遮蔽に活用していくこと**」について、説明していきます。

集めたからには、どこかで保管しなければなりません。

環境省発行の「除染ガイドライン・第2版」では、その第3編で運搬について「除去土壌の収集・運搬に関わるガイドライン」を、第4編で保管について「除染土壌の保管に関わるガイドライン」を示していますが、**集めた場所での減容化・濃縮化**をしておかないと、量の膨大さが保管や運搬の障害になってしまいます。

本書は、**その場で減容化し安全対策の工夫をしたうえで、その場に一時的に保管する**ことを提案しています。

3.1 集めて濃縮した放射性廃棄物を、どのように管理すればよいですか？

都市部、街中の場合は特に、汚染土を裏庭に野ざらしにしておくわけにはいきません。もちろん室内にも置けませんから、密閉容器に収納して敷地内の室外に一時保管します。

理想的には、これ以上の分離・濃縮は難しいような高線量状態にした汚染物質（焼却灰や残渣等）を、専用の**プラスチックドラム缶（通称〈プラドラ〉）**に収納します。

プラドラは、200リットル入りが定番で（⇒**写真1**参照）、他に60リットル入りのプラドラもあります。材質は、高密度ポリエチレンで、もともとは薬品容器として高性能に作られたものです。薬品等としては一度だけしか使

▲写真1　200リットル入りの〈プラドラ〉

えないという制限から、リユース不可の容器なので、廃容器がコンスタント
に出てくるため、新品の価格よりはるかに**安価に入手できます**。

耐気候性、耐機械強度（衝撃等）、耐圧性で優れており、戸外に放置して風雨に長期間さらされても内容物が漏れ出さない、と保証されていることは、放射性廃棄物の安全保管容器として、とても好都合です。

このプラドラの中に「**中容器**」を入れて、中容器の中に高濃度の減容放射性廃棄物を入れ、中容器とプラドラの間に砂（市販の川砂で可。汚染されていない土でも可）と水を満たします。

砂を10cm程度入れると、80%以上のγ線をカットすることが、実験で確かめられています。たとえば、表面線量が1μSv/hの汚染物質であれば、0.2μSv/h以下になります。

この砂・土の密度に比例して遮蔽率が変わるので、密度1.3を、水を入れることで1.5〜1.9まで上げるようにしています。

容器外部表面線量を「0.2μSv/h以下」にするというのが、設計思想です。98%遮蔽すれば、10μSv/h程度の比較的高濃度の汚染物質も、この条件をクリアして安全収納できます。

これ以下に下げようと思えば、プラドラと中容器の間の砂・土の厚みと密度を増やせば、いくらでも下がりますが、当面は10〜15cm程度の厚みを基本とします。

また、中容器として、二重のビニール袋を使用してもよいでしょう。要するに、中容器は外漏れしなければよいのです。

手順としては、円筒状のカタチの「型」で、水を含んだ砂・土に空洞を抜いて、そこへ二重のビニール袋を入れます（⇒**写真2**）。

プラドラ200リットルのうち、十分なγ線遮蔽を考慮すると、砂・土は約100リットル入れる必要があるので、中央の汚染物質は80リットルくらい入れることができます。

プラドラ全体の重量は、合計200kgくらいになるので、一人では持ち運びできませんが、転がして移動させることは可能です。

▲写真２　円筒状の空洞をつくり、そこに汚染物質を入れたビニール袋を入れる

さらに、高濃度と低濃度の汚染物質が別々に発生した場合、三重構造にすることもできます。中心部分から高濃度汚染物質（10μSv/h）10cm、低濃度汚染物質（1μSv/h）10cm、最外部に非汚染土10cmを置くと、低濃度汚染物質も遮蔽物として機能します。

この方法で汚染物質を収納したプラドラそのものを、さらにγ線遮蔽に活用することもできます。**除染しにくい場所、たとえば土手や裏山の境界の斜面や切土（きりど）そば**に並べておくと、プラドラの高さが1mなので、その高さ分のγ線を一部カットできます（⇒**口絵④**参照）。

図1は、高さ1mの遮蔽壁で囲いをしたときに、汚染された周囲からのγ線がどのように遮蔽されるか、を示しています。

一番下の図は、高さ1mの遮蔽壁があれば、その中にいる1m高さの人体に対して、遮蔽壁の外側すべてを除染したのと同様の効果がある、ということです。

まん中の図は、中心にいる人体の位置が、例えば2階にいるように高くなるにしたがって、遮蔽できる範囲が壁に近くなり、狭くなっているようすです。

プラドラの置き場所としては、敷地境界を推奨します。0.2μSv/h 以下まで表面線量がシャットアウトされているので、敷地中央に設置する必要がありませんし、境界線に置くことで、周辺から入ってくるγ線をカットする遮蔽壁として活用することができます。

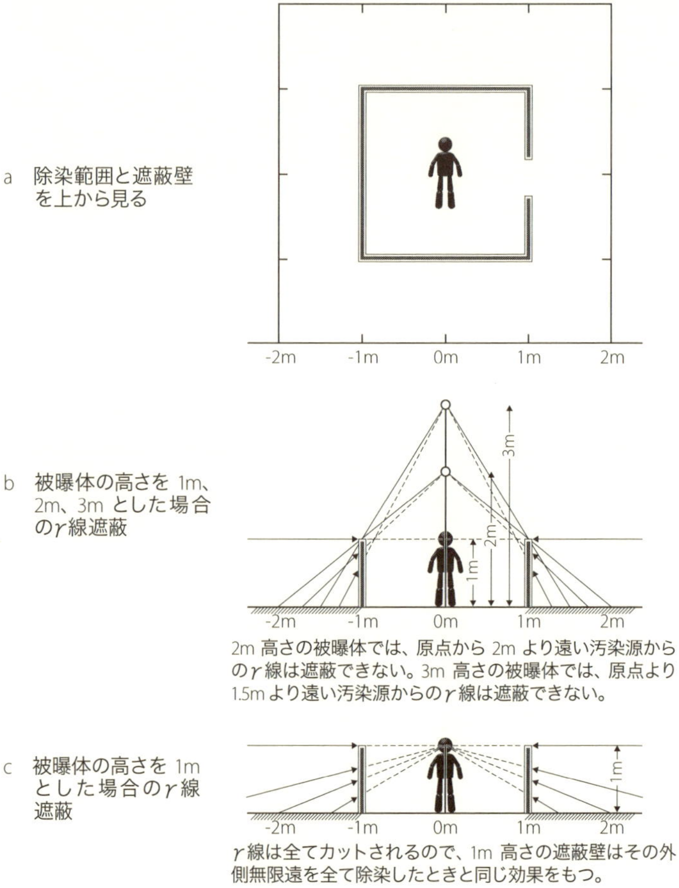

a 除染範囲と遮蔽壁を上から見る
-2m
-1m
0m
1m
2m
b 被曝体の高さを 1m、2m、3m とした場合のγ線遮蔽
3m
2m
1m
-2m
-1m
0m
1m
2m
2m 高さの被曝体では、原点から 2m より遠い汚染源からのγ線は遮蔽できない。3m 高さの被曝体では、原点より 1.5m より遠い汚染源からのγ線は遮蔽できない。
c 被曝体の高さを 1m とした場合のγ線遮蔽
1m
-2m
-1m
0m
1m
2m
γ線は全てカットされるので、1m 高さの遮蔽壁はその外側無限遠を全て除染したときと同じ効果をもつ。

▲図1　高さ1mの遮蔽壁のγ線遮蔽効果

条件：無限遠平面汚染状態において 2m × 2m の範囲を完璧に除染し、境界部に高さ 1m の遮蔽壁を設置する。

3.2　農地など、比較的広い土地に繁茂した雑草などを、どのように処理したらよいですか？

農村部や山林の場合には、汚染物質の性質や量に応じて、**パーティクルボード外容器**や、**遮水シートを敷いて埋設する**方法などを提案しています。

ツーバイフォー（縦横比 2 × 4)、畳 1 畳くらいのパーティクルボードと、柱になるような木材を購入して、組み立てます（⇒**写真 1**)。これが、一坪分（＝ 180cm × 180cm）の遮蔽壁になります。

その中に、プラスチックドラム缶（⇒前項 3.1）を中容器として使い、汚染物をいっぱいに満たして、この中に入れこみます。

最後に、パーティクルボードでふたをします。

プラドラの上部に遮蔽材を使用することもできますが、上部への γ 線はあまり悪影響を与えないので、比較的不安は少なく、その上は物置にもできますし、植木鉢などを置いてもよいでしょう。

▲写真 1　パーティクルボード外容器を組み立てる

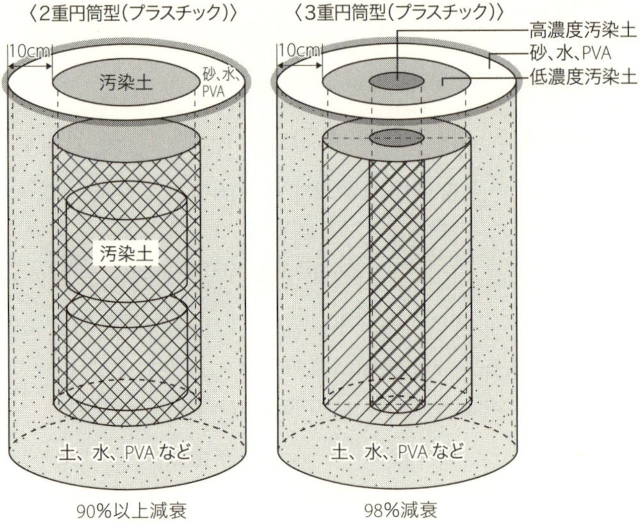

(川砂+水)を2重容器へ入れた場合の減衰率

表面線量測定場所	表面測定値(μSv/h)	減衰率(%)
汚泥表面	6.28	0
小プラドラ表	3.24	48.4
(川砂+水)を入れた後のプラドラ表	0.58	90.8

▲図1　安全保管容器の二重構造と三重構造

こうすると、この容器の表面線量を、0.2μSv/h 以下に落とすことができます。

さらに、最中心部に置く中容器（プラドラ）に高濃度汚染物質を詰め、別の中容器に比較的低濃度の汚染物を詰めてその周囲をとりまき、最外部を板間に遮蔽材（非汚染土等）で充たした 2 × 4 遮蔽壁で囲う「**三重構造**」にしても安全保管できます（⇒**図1**参照）。周囲をとりまく汚染土が、遮蔽に貢献するのです。

この方法なら、中容器がいっぱいになるまで、後から何度でも追加ができます。ホットスポットのメカニズムで学んだように、除染は一回で終わらないので、次々に発生してくる汚染物を、そのつど追加して収納できることは、とても便利です。

また、ツーバイフォー（2×4）遮蔽壁は、いろいろな大きさ・タイプを作ることができます。

道路の街路樹の下や、道路端などがホットスポットになっている場合には、街路樹のあいだに汚染物を置き、その上にプランターを置いて、外側に長い外壁を設けるような「容器」を作ることもできます（⇒**口絵③**、および第1章参照）。

いずれの手法も、「**飛散しない**」ということ、後で「**持ち運べる**」ということ、「**γ線カットが保証されている**」という点で、たんなる放置とは雲泥の差です。

3.3　裏山や土手などの斜面からの放射線には、どのように対応したらよいですか？

本書112ページ（2.7）でも述べたように、山林への抜本的除染を進めることは、当面はかんたんではありません。

そして、民家に近接した土手の斜面などの場合、あるいは住宅地の裏山などは地面よりも高い位置にあるので、障害物なしにダイレクトにγ線からの悪影響を受けやすい、という性質があります。

この場合、「**間伐材を使ったコの字型遮蔽キット**」を、**口絵④図2**のようにならべます。太鼓引き間伐材を使用した「コの字型外囲い」を、前、上、横から見たようすを、**写真1**、**写真2**、**写真3**に示します。

山の斜面と天板の下に、プラスチック容器に入れた汚染除去物を一時保管します。生木であれば、30cm厚さでγ線透過率は0.1（90%カット）です。外側に砂袋を置いて、γ線遮蔽率をよくすることもできます。

中山間地山裾の住宅地においては、森林からのγ線を遮蔽しなければならない場所は、膨大な長さ、面積になります。そのための間伐材も、膨大に必要になります。

幸いなことに、膨大な体積の間伐材は、汚染現場にあります。これこそ、「天の配材」だと思うのです。

太鼓引き（またはサドルノッチ積み）した木材を積みあげて、高さ1m程度まで「コの字型」に組み上げます。あまり高くすると崩れるおそれがあるので、1m程度にとどめておきます。

この「**コの字型ストッパ**」は、

① 放射性物質が付着した細かな腐植質や土砂が、斜面から落ちてこないように止める機能、

② 他所からの除去物を入れたプラドラを保管する場所（⇒**口絵④図2**参照）、

③ γ線を遮蔽する機能、

▲写真１　太鼓引き間伐材による外囲いを前から見たようす

▲写真２　コの字型外囲いを上から見る。山の斜面との間や、天板の下に、汚染除去物をプラスチック容器に入れて保管する

▲写真３　コの字型外囲いを横から見たようす。天板の下に汚染除去物を入れることができる

▲写真４　太鼓引き間伐材を使用した井桁型外囲い。この中にプラドラ容器を入れ、プラドラの中に汚染除去物を保管しておく

という**一石三鳥**です。

口絵④図２に示した、平地に設置した間伐材囲いの実例を、**写真４**に示します。住宅裏の平地に、このような外囲いを設置して、この中に汚染除去物の入ったプラドラを入れておけば、斜面からのγ線を遮蔽できることになります。

〈インタビュー〉生業復帰のために——山田先生に聞く

聞き手＝編集長

藤原　放射能に汚染された場所は、限定されています。汚染源から遠く離れた人たちは「除染は無縁である」と思っているようにみえますが、本当にそれでよいのでしょうか？

山田　確かに、私の住む関西では、忘却されつつあります。関心も高くありません。「除染はできない」との声が多くなるのも、遠隔地の素人が､限定的な情報のみで判断しているからでしょう。「不可能論」も「無関心」も、「除染はできない」につながりやすいのです。

しかし、現地の福島へ行ってみれば、放射性物質が現実に存在していて、それによる心身への悪影響があることがわかります。除染が「必要だ」ということには、変わりありません。

関西でも、現に大飯原発だけしか稼働していない（2013 年 7 月現在）のも、福島第一原発事故による結果に他ならない、ということを認識しなければなりません。

その避難計画を 30km 圏内に拡大してはいますが、福島では現に、50km や 100km、200km でも汚染されていることを見れば、（拡大の価値に）リアリティがありません。

さらに、「原発事故で直接死亡していないではないか」という主張がありますが、避難によっての関連死は数百人いる実態も、考慮しなければなりません。

いかに大きな被害かを、事故から十分に学んでいるとはいえません。

事故の原因総括も不十分ですが、解決・緩和に踏みこもうとしていません。誰も責任を取ろうとしていない。チェックする側にまわろうとする人たちが多すぎて、解決策を提案して責任を持とうとする人たちが、きわめて少ないのです。

藤原　復興庁の行動は、どうでしょうか？

山田　自民党政権となり、現実路線に変わったように見えますが、除染を実践的に進める方向にはなっていません。復興総局でワンストップになり、行きづまっていた除染ガイドラインも2013年5月にようやく第2版が発行されて、第1版よりは改善されたものの、業者まかせの路線に変わりはありません。

藤原　福島から、何を学ばなければならないのでしょうか？

山田　「原発とは何か」を知ることができます。反原発の根拠とするべきです。

藤原　先生の考えを取り入れた除染活動を実行している人はいますか？

山田　喜多方市、飯舘村、福島市などに共感者のグループがいて、2013年8月からは郡山市のグループが熱心に進めてくれています。彼らはいわゆる大学や研究機関の研究者ではありません。いわゆる「持ち場」がちがう。研究者は、原因究明と論文で終わることが多いのですが、彼らにとっては「放射性物質を減らせるか」という現実が大切なのです。ここに、本質的な違いがあります。

共感者の皆さんは、除染の効果にこだわっている人たちばかりです。わが身のことと考える当事者ばかりです。

藤原　一部の人たちは、「できないこと」を「不必要だ」と思いたいのでは？

山田　除染作業は自分たちの責任ではない、という考えを持った市民が少なくありません。もちろん正論です。自力でやらねばならない、というふんぎりがついていないのでしょう。だれかにやってもらうと。

でも、これまでの状況を見れば、国や業者にまかせていたら、いつまでたっても「できない」という状況を打破できません。「できないからといって不必要になってくれない」、除染という難題の、残酷な現実です。

藤原　時間という課題も、あるのではないでしょうか？

山田　食品などへの放射性物質の移行係数が少ない、ということで安心してしまうことは、危険です。現地では、生活や作業中の被ばくはつづきますし、いつまでたっても風評被害の完全解消に挑むことができません。

福島中通り地方には、今でも9割近くの住民が、継続的に住みつづけています。ともすると、低線量被ばくがつづくことに、鈍感になりがちです。たとえば、放射線関連施設の従業員らに適用される法律での、原発事故前の被ばく線量限度の数値を超える場所が、少なくないのですから、適切な危機感を持つ必要があります。面的除染が遅れる理由は、こうしたことに起因しているようにも思えます。

藤原　福島の農産物についての風評被害への対策は、どうでしょうか？

山田　まずは、効果的な除染で、実質的に復旧することが前提です。その次に、風評被害への対策に挑戦し、さらに復興へとつづきます。この3つは、一体で考えねばなりません。

福島復興の最終目標は、「生業復帰」がメルクマールです。何のために除染しているのか、ということも、生業復帰ができる水準の除染にこだわらねばならないのです。「できる水準」の除染でがまんするのではなく、「真の復興に必要な水準」の除染なのです。

たとえば、バイオライスもその一環です。豊穣の地・福島の農家にとって真の復興とは、稲作による錦秋の風景を取り戻すことでしょう。しかし、すぐに食用の稲作がむずかしいことは現実でしょうから、稲作をすることで、その製品たる米と稲わらを、消毒用アルコールに活用していき、同時に放射性物質の除去を進める、という提案をしています。

福島では、自分たちに責任がない除染をすることは、理不尽なのですが、住民、つまり自分たちの力で、あるいは自治で、除染を進めていくことこそが、その後の風評被害対策に挑戦していく意欲につながり、復興へのとりくみを主導するための主人公へと成長していけるのだろうと思っています。

4
実践例、実証実験データの紹介

第１章では除染の基礎知識を、第２章では除染方法を、第３章では放射性廃棄物の安全保管について、とりあげてきました。

本章では、**実際に福島県で行った実証実験のようすや手順、データ**を紹介していきます。

どのくらいの作業負担で、具体的にどの程度の除染効果が上がるのか、などを参考にして、具体的な除染計画の立案に役立ててください。

一部、「はじめに」とだぶる項目がありますが、さまざまな場所に適した方法をここでまとめて学んでほしいので、復習の意味で、再掲しています。

4.1　通学路のガードレール直下を除染しよう

〈ホットスポットの除染とその効果①　郡山市内〉

都市部であって、しかも子どもたちが定常的に行き来する通学路は、何をさしおいても、線量を下げねばなりません。

【手順】

① 一般的なガードレール下の線的ホットスポット「コケと堆積土壌」を中心に、およそ 2m × 30cm の範囲をモデル除染の対象として、**ガムテープでくぎり、除染作業前の表面線量を測定**します（⇒**写真 1**）。このとき（2013 年 7 月 21 日）は、除染前の表面線量は「1.46μSv/h」、周辺からの γ 線の影響を受けない「鉛遮蔽体使用」の表面線量は「0.82μSv/h」でした。

② 次に、道路面上部に堆積している土の部分を、**スコップなどでコケや土を砕くようにゆるめます**（⇒**写真 2**）。

▲写真 1　除染作業前の表面線量を測定

▲写真 2　コケや土を砕くようにゆるめる

③ 次に、微細粒子の飛散防止のために、**水をかけます**（⇒**写真3**）。

④「**乾湿両用吸引器**」を使って、ゆるめたコケと土を、**バキューム吸引**します（⇒**写真4**）。

⑤ この段階（道路面の土壌とコケをきれいにバキューム吸引した段階）での、放射線量の測定をしました（⇒**写真5**）。

・表面線量：0.42μSv/h（表面線量低減率：71.2%）

・遮蔽体使用表面線量：0.13μSv/h（遮蔽体使用表面線量低減率：84.1%）

吸引のみでも、大きな効果が得られることがわかります（⇒**表1**参照）。

⑥ さらに、路面のすきまに入りこんだ放射性物質を引きだして、さらに線量を下げるために、**クエン酸入りの界面活性剤を塗布**します。

⑦ 路面に溶剤をしみこませるように、**デッキブラシで、ていねいにブラシング**します（⇒**写真7**）。

⑧ ブラシング後、およそ30秒間おいて、泡に溶けだしてきた放射性セシウムを、先の「乾湿両用吸引器」を使って、**バキューム吸引**します（⇒**写真8**）。

▼表1　除染作業の効果

測定高さ（cm）	除染前の線量（μSv/h）	除染後の線量（μSv/h）	低減率（%）
表面線量　0cm	1.46	0.28	80.8
同（遮蔽体使用）0cm	0.82	0.07	91.5
空間線量　50cm	0.39	0.28	28.2
空間線量　100cm	0.37	0.29	21.6

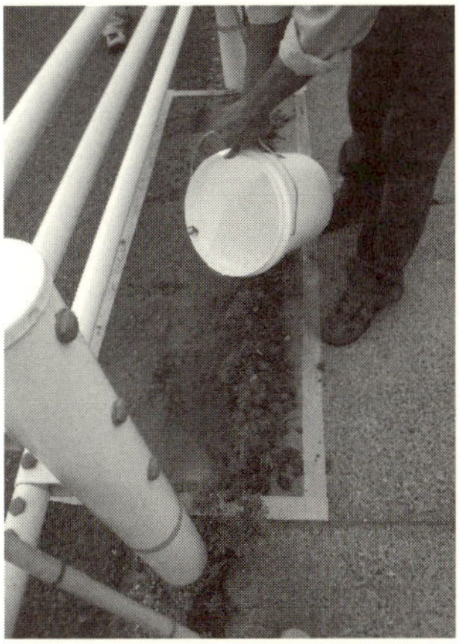

▲写真３　粒子の飛散防止のため、水をかける

▲写真４　ゆるめたコケと土を吸引

▶写真５　土壌とコケをバキューム吸引した段階での測定（左）

▶写真６　クエン酸入りの界面活性剤を塗布（右）

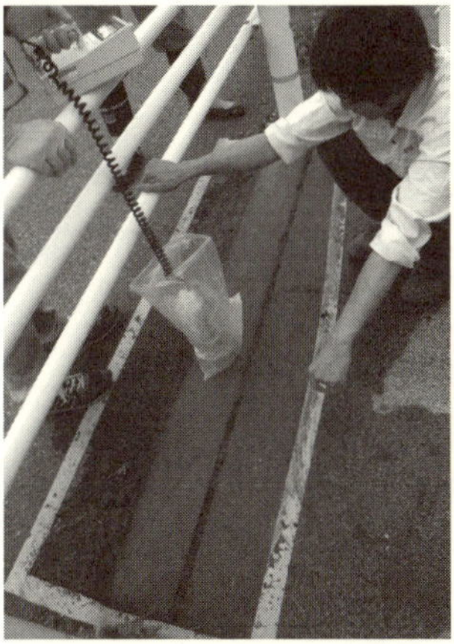

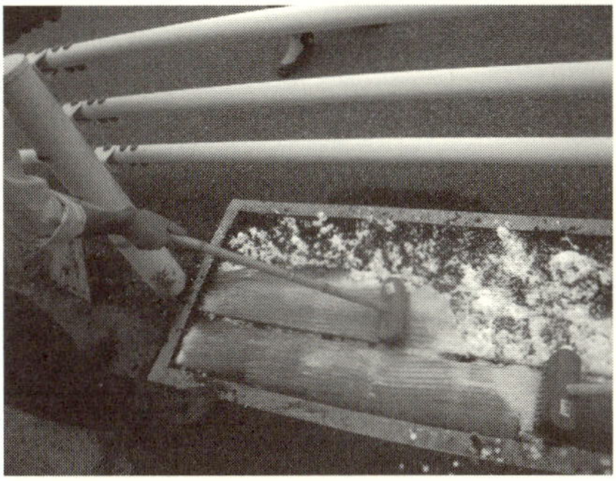

▲写真７　ていねいにブラシング

▲写真８　バキューム吸引する

このとき、先鋭ノズルを使って、道路の割れ目、溝、凹凸部などに残存しないように、ていねいに泡を吸引しておきます（⇒**写真 9**）。

⑨ 除染作業前後の道路表面の比較です（⇒**写真 10**）。写真の支柱の左側が除染作業なし、支柱の右側は、除染作業をおこなった路面です。

⑩ 除染作業後の線量測定結果を、**表 1** に示します（除染前後の線量比較と低減率 %）。

この除染作業をおこなうことによって、表面の線量は 80.8% 減、周囲からの γ 線の影響を遮断した表面値（遮蔽体使用データ）は 91.5% 減と、劇的な効果がえられました（⇒**表 1** 参照）。

表において、地表高さ「50cm」と「100cm」の低減率が低く出ているのは、このときの実験的な除染作業の面積が小さいために、周辺から放射されている γ 線の影響を受けてしまったためです。

したがって、とくに注目してほしいのは、周辺からの γ 線を遮断した表面線量が「0.07μSv/h」に下がっている点です。当面の目標である「0.1μSv/h」を下まわったことで、日常的に利用する通学路として、安心感が増します。

⑪ 汚染除去物は、**超高密度ポリエチレン製のプラスチックドラム缶**の中に入れておくので、長期間漏れる心配はありません（⇒**写真 11**）。

⑫ 高濃度の汚染物質をいっぱいに詰めたプラドラの外側を、**2 × 4（ツーバイフォー）囲い**します（⇒**写真 12、写真 13**）。パーティクルボードを 10 ～ 15cm の間隔で二重容器にして、**あいだに川砂と水の混合物を袋に入れて詰めて**、γ 線を遮蔽します。

⑬ これにふたをして、近場に一時保管します（⇒**写真 14**）。外側表面線量は 0.2μSv/h 以下になるので、それぞれの敷地の境界部などへ置くことで、外部からの遮蔽効果も期待できます。

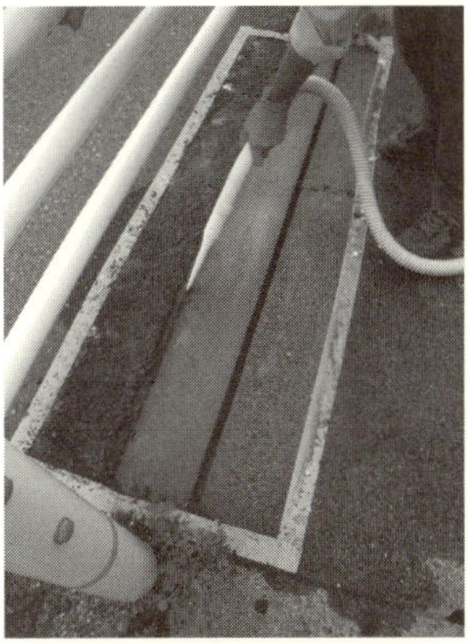

▲写真 9　泡を吸引する

▲写真 10　除染前後の道路表面の比較

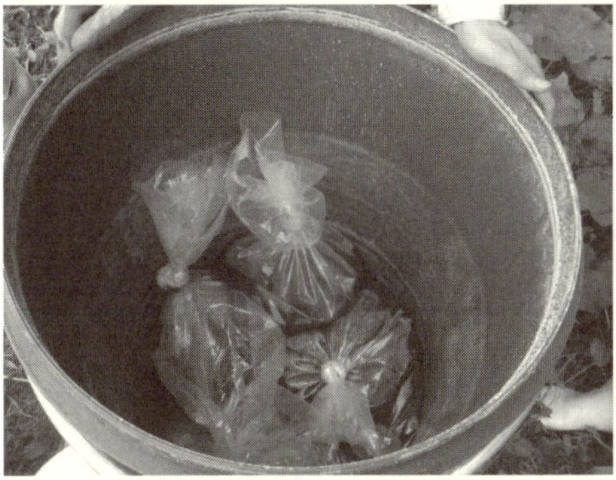

▲写真 11　汚染除去物をプラドラに入れる

▲写真 12　プラドラの外側を囲う

▲写真 13　ツーバイフォー囲い

▲写真 14　ふたを閉めて一時保管

4.2　土面を除染しよう〈ホットスポットの除染とその効果② 郡山市内〉

民家の出口付近には、土が堆積しているところがあります。

また、子どもたちの通学路には、都市部でも土壌深くに浸透している場所があります。

こうしたやわらかい土壌、雨樋（あまどい）下などの除染の実証実験と、その効果をご覧いただきましょう。

【手順】

① 雨樋の下では、敷石ブロック、さらにその下の土壌まで、放射性物質が浸透しています。まず､やわらかい土をスコップでかき出します。(⇒**写真 1**)

② 泥はブラシでかき集めて､バケツに入れたポリ袋に集めます。(⇒**写真 2**)

③「**乾湿両用吸引器**」で、汚染土壌を吸引します。(⇒**写真 3**)

④ クエン酸入り界面活性剤を塗布してからブラシングし、「乾湿両用吸引器」で泡を吸引します（⇒**写真 4**)。

▼表 1　除染作業後の線量測定結果（除染前後の線量比較と低減率 %）

測定高さ (cm)	除染前の線量 (μSv/h)	除染後の線量 (μSv/h)	低減率 (%)
0cm	2.88	1.28	55.6
遮蔽体使用0cm	0.99	0.61	38.4

表面線量の低減率が低いのは、除去した土壌の下部にあるブロックのすきまや下部土壌にまで、放射性セシウムが深く浸透しているからです。

そのような場合、上部に 10cm 厚さのコンクリート・レンガなどを敷きつめると、γ 線透過率は 0.15 であるので、コンクリート・レンガ表面の放射線量は、0.19μSv/h にまで低減します。

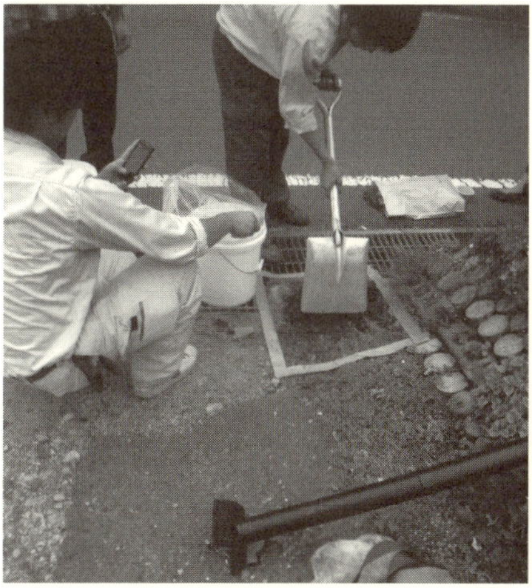
▲写真１　やわらかい土をスコップでかき出す

▲写真２　泥をかき集め、ポリ袋に集める

▲写真３　汚染土壌を吸引する

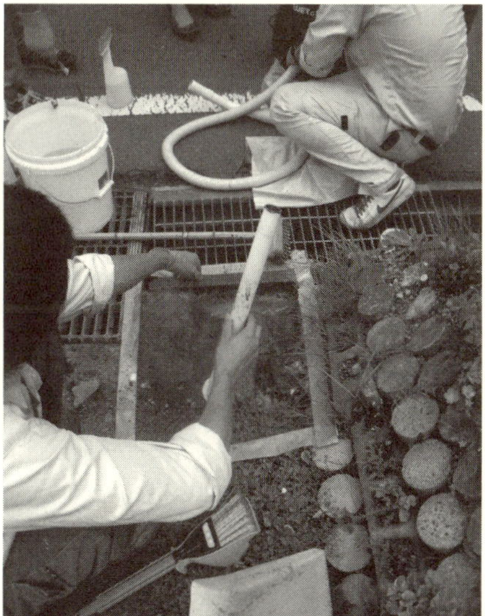
▲写真４　界面活性剤を塗布してブラシングし、泡を吸引する

4.3　側溝を除染しよう〈ホットスポットの除染とその効果③ 郡山市内〉

鉄枠のふたがある道路わきの**側溝**（そっこう）には、大量の汚染土砂、雑草が堆積しており、通学路汚染の元凶になっていることがあります。

また、大雨のときにあふれて、道路表面の放射線再上昇の原因になることもあります。

側溝の鉄枠の**ふたをあけて、スコップで除去する**か、大型のバキューム吸引などで取りのぞき、汚染物質は減容後に、安全容器に保管をします。

【手順】

① 土砂が堆積して、その上に雑草が繁殖し、鉄枠のすきまからはみ出していることもあります。(⇒**写真 1**)

② 水がゆるく流れている側溝の場合、水と底の泥を一緒に「**乾湿両用吸引器**」でバキューム吸引します。(⇒**写真 2**)

③ 側溝の底部にへばりついている汚泥は、スコップでかき出して、除去し

▲写真 1　雑草がはみ出す道路わきの側溝

▲写真 2　バキューム吸引

▲写真３　底部の泥をスコップでかき出して除去する

▲写真４　もう一度、ていねいに吸引する

ます。(⇒**写真3**)

④ 最後にもう一度、「乾湿両用吸引器」でていねいに吸引します。(⇒**写真4**)

⑤ 汚水や雑草、さらに汚泥を除去したのちの線量測定では、遮蔽体使用のデータで「0.11μSv/h」にまで下がり、除染前と比較して低減率は52.2%でした。(⇒**表3**参照)

この後、「クエン酸溶出法」を実施すれば、さらなる線量低下を期待できるでしょう。

▼表３　除染作業後の線量測定結果（除染前後の線量比較と低減率％）

測定高さ(cm)	除染前の線量(μSv/h)	除染後の線量(μSv/h)	低減率(%)
側溝の泥の上(0cm)	0.55	0.37	32.7
遮蔽体使用(0cm)	0.23	0.11	52.2

4.4　屋根・瓦を除染しよう

〈ホットスポットの除染とその効果④　飯舘村深谷〉

屋根の素材表面には、**放射性セシウムが素材のなかまで浸透している**場合が少なくありません。

和風瓦、スレート葺き、コンクリート瓦、トタン葺きの表面塗料などには、素材表層にまで浸透しています。

そのため、屋根の除染方法としてよく使用されてきた高圧水洗浄で、放射性物質はあまり除去できません。

屋根表面の放射性セシウムから放射されるγ線は、瓦を透過して部屋のなかに侵入するため、どこの家でも「2階のほうが高い」、「平屋の場合は測定器を天井に向けると高くなる」という現象が起こっています。

さらに、屋根からは、向かいの住宅、ビルのガラス窓に向けてγ線が放射されています。

したがって、屋根は、ていねいに除染しなければなりません。

屋根素材に対しては、固い素材に深く浸透している場合の除染方法を適用します。

ただし、釉薬瓦は、表面がガラス状になっていて、中まで浸透していないので、固い素材に浅く浸透している除染方法で十分です。

以下に、和風瓦の除染法を示します。使用した瓦は、飯舘村深谷の山ぞい民家の、和風瓦2枚です。

【手順】

① 上の瓦の表面線量は0.33μSv/h、裏側では0.23μSv/hで、1cm厚さの和風瓦の透過率は0.7（減衰率30%）です。（⇒**写真1**）

② **表面の汚染土を、水洗いして落とします**（⇒**写真2**）。洗浄後の表面線量は0.16μSv/hで、洗浄だけの低減率は52%でした。

今回使用した瓦の表面は、微細な汚染砂で覆われていたので、洗浄だけの低減率が大きくなりましたが、通常は洗浄だけの低減率は30%程度で

◀写真１　和風瓦

▲写真２　洗浄した和風瓦

◀写真３　クエン酸液を塗布してブラシング

▲写真４　PVAのりを塗布してタオルをかぶせ、乾燥させてはがす

す（写真の瓦の横に置いてあるのは「除染用クエン酸液改良品」）。

③ 除染用の**クエン酸液を瓦の表面に塗布して、たわしでブラシング**します。（⇒**写真3**）

④ **PVAのりを塗布してから、タオルをかぶせ**、天日で**乾燥させてからはがします**（⇒**写真4**）。布をはがしたあとの表面線量は0.06μSv/hで、初期状態からの低減率は88％です。

4.5　トタン屋根を除染しよう　〈ホットスポットの除染とその効果⑤〉

トタン屋根の除染手順と除染結果を説明します。

写真1のように、全体としては、塗装面の上に埃(ほこり)がついており、上部にはコケが付着しています。

トタン屋根の塗装面には放射性セシウムが浸透しており、高圧水洗浄や布ふき取りだけでは除去できません。

【手順】

① **クエン酸入りの洗剤を塗布**します（⇒**写真2**）。

②「**閉鎖系容器内電動ブラシ**」で**ていねいに塗装面をブラシング**します（⇒**写真3**）。

③ **PVAのりを塗布して「貼り布」をはりつけ**、デッキブラシで**空気をぬき**、乾燥（天気のいい日で4時間程度）させて布をはがします（⇒**写真4**）。

④ 貼り布をはがした後のようすです（⇒**写真5**）。布をはがした後の塗装面の一部からは、トタン板面が見えています。これくらい塗装面を取らないと、除染効果は出ません。

▲写真1　除染前のトタン屋根表面

▲写真2　クエン酸入り洗剤を塗布する

▲写真３　「閉鎖系容器内電動ブラシ」で、塗装面をていねいにブラシング

▲写真４　PVA のりを塗布して布をはりつけ、デッキブラシで空気をぬく

▶写真５　布をはがした後のようす

この時の除染前後の鉛遮遮蔽体使用の空間線量測定では、低減率は 75% でした。（⇒**表１**）

▼表１　飯舘村深谷民家屋根（トタン葺き）の除染結果

測定高さ (cm)	除染前の表面線量 (μSv/h)	クエン酸入り界面活性剤塗布＋ブラシング＋PVA 塗布＋布剥離 (μSv/h)	低減率 (%)
0cm	1.79	0.48	73.2
遮蔽体使用0cm	0.82	0.2	75.6

4.6　雑草地を除染しよう

〈ホットスポットの除染とその効果⑥　郡山市内〉

通学路ぞいの雑草地（⇒**写真 1**）の境界部は、ホットスポットを形成していることがあります。

雑草は放射性セシウムを吸収し、枯れると微細な腐植質になり、呼吸器系の内部被ばくの原因になる**ホットパーティクル**となって、空気中にただようようになるので、ていねいに除去しておく必要があります。

【手順】

① まず、事前測定をするため、1m^2 モデル除染のためのポールをたてます（⇒**写真 2**）。このときの雑草の種類は、クローバ、ギシギシ、ヨモギ、フキ、セイタカアワダチソウなどでした。

このとき（2013 年 7 月 21 日）は、除染前の表面線量は「0.78μSv/h」、周辺からのγ線の影響を受けない「遮蔽体使用」の表面線量は「0.43μSv/h」でした。ちなみに、地上 50cm 空間線量は「0.76μSv/h」、同 100cm 空間

▲写真 1　通学路ぞいの雑草地

◀写真２　1m² の範囲のポールをたてる

▲写真３　クワとスコップなどで雑草上部を取りのぞく

線量は「0.43μSv/h」でした。

② **クワとスコップなどで雑草上部を取りのぞき**、再び線量測定をします（⇒**写真 3**）。

③「**2cm 抜根法**」（96 ページ参照）にしたがって、雑草の根の深さまで取りのぞきます（⇒**写真 4**）。この深さでは腐植土なので、土は黒色です。

④ さらに 1cm 掘り下げて、合計 3cm 掘ると、褐色森林土があらわれます（⇒**写真 5**）。ここまでを、土壌を除去する深さのめどとします。

⑤ この結果、2cm 抜根での表面線量は 41.9% 減（遮蔽体使用データ）にと

◀写真４　雑草の根の深さまで取りのぞくと、黒い腐植土があらわれる

▲写真５　さらに1cm掘り下げると褐色森林土があらわれる

どまっていますが、合計3cm土壌除去の表面値は、測定遮蔽体使用時のデータで「0.12μSv/h」となり、72.1％減という効果がえられました。(⇒**表２**参照)

この場合、腐植土層を1cm除去するだけで、これだけの効果が増しました。

▼表２　除染作業後の線量測定結果（除染前後の線量比較と低減率％）

測定高さ(cm)	除染前の線量0cm(μSv/h)	2cm抜根除染後の線量(μSv/h)	低減率(％)	褐色森林土まで合計3cm土壌の除去(μSv/h)	低減率(％)
0cm 遮蔽体なし	0.79	0.68	13.9	0.3	62
0cm 遮蔽体使用	0.43	0.25	41.9	0.12	72.1

4.7　雑草を減容しよう　〈堆肥化減容法〉

雑草地の端に、**写真1**のような1 m²のプランター囲いをします。

写真2に示すように、プランターを2段にして、それぞれの高さの70%程度まで、川砂を入れます。プランター幅は15cmあるので、中に入れた川砂は透過率0.16であり、γ線を84%減少させる遮蔽効果があります。

写真3のように、堆肥化を促進するためには、炭素（C）と窒素（N）の比を15対1にする必要があるので、窒素分を補うために、牛糞、鶏糞などを入れます。そのほかにも、水分は50%程度に保つ必要があります。

最後に、**写真4**のように、雑草の上からブルーシートをかぶせ、コンクリー

▲写真1　1 ㎡のプランター囲いをし、下にはブルーシートを敷いておく

▲写真2　プランターには川砂を入れる

▲写真3　サンドイッチ状に雑草と牛糞を入れる

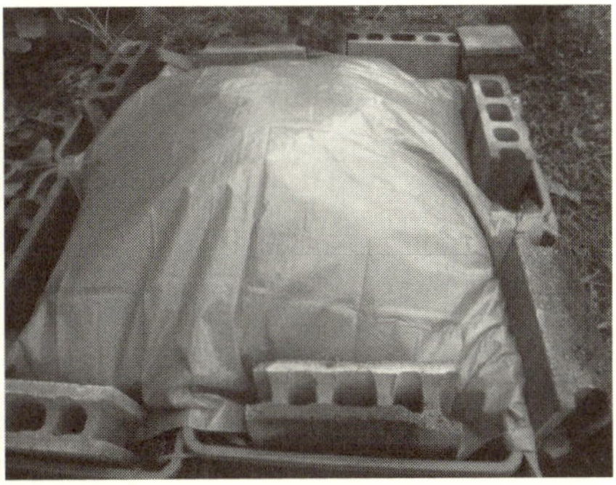

▲写真4　ブルーシートでおおい、雨がかからないようにしておく

写真５　１か月後に堆積が半分に減容

写真６　１年後には２０分の１に減少。この後は安全容器に保管します

トブロックで周囲に重石（おもし）をしておきます。

1か月後、**写真5**に示すように、雑草は体積で半分程度に減容しています。雑草除去による除染は、くりかえして実施する必要があります。

この段階から、新たな雑草を投入して、堆肥を種菌として利用していけばよいのです。

飯舘村深谷の畑で、2012年8月に雑草堆肥化実験を開始して、1年後の減容のようすを、**写真6**に示します。ボックス満杯であった雑草の体積は、20分の1に減少しています。

Notes

★ **植物の根圏層からの「長寿命の放射性核種」の除去法**には、以下の方法があります。

① **2cm 抜根法**……田畑土壌の 2cm までを、ていねいに農機具で除去します。（96 ページ参照）

② **バイオレメディエーション**……雑草、米、菜種などの農作物を育てることによって、放射性セシウム（Cs-134，Cs-137）を吸収・除去する方法です。（118 ページ参照）

※ 除去した汚染雑草、植物を減容する方法としては、金属触媒を利用した「**高速低温減容法**」（122 ページ参照）、微生物分解を利用した「**堆肥ボックス減容法**」（171 ページ参照）があります。

★ **食用にできない農作物を有効に活用する**には、以下の方法があります。

① **バイオマス・エネルギー活用法**……米、菜種、雑草などを栽培して、活用します。

② **γ線遮蔽材**……森林間伐材を、γ線遮蔽材として活用します。

③ **バイオマス発電エネルギー活用法**……森林間伐材、雑草などからエネルギーをとりだし、発電します。

★ **体内に放射性核種を入れない**ためには、以下の方法があります。

〈内部被ばく防止法〉

① **食品経由の内部被ばくを防止する**……測定などによって安全が確認された食品を摂取します。

② **食品の汚染源において、放射性物質を低減・除去する**……田畑除染（2cm 土壌抜根法など）、水環境除染（汚泥トラップ法、バキューム吸引後の水洗浄分級法など）を実施します。

③ **大気経由の内部被ばくを防止する**……土壌表層のホットパーティクル（Cs-134、Cs-137 が優先的に付着しており、呼吸器系をつうじて体内に

侵入する、数ミクロン程度の微細粒子）を優先的に除去する「水洗浄分級法」を実施します。

★ **いったん取りこんだ放射性核種を排出する**には、以下の方法があります。

① **生物的半減期促進法**……汚染地域から、長期的、あるいは一時的に「避難」します。

② **セシウム排出促進栄養の摂取法**……リンゴなどに含まれているペクチンなど、Cs-134、Cs-137の対外排出効果が明確になっている栄養を含む食品を、適切に摂取します。

★ **放射能を遮蔽し、安全管理する**には、以下の方法があります。

〈外部被ばく防止法〉

① **γ線遮蔽安全遮蔽容器、γ線遮蔽壁**……汚染除去物を、近場で一時的に、安全に置けるようにします。土、木材、水、プラスチック材など、比較的安価で、汚染現地に大量にある材料を使用し、積層構造によるものです。

- 容器は、**独立遮蔽型**（独立容器でγ線遮蔽が達成できる）、**集合遮蔽型**（複数の容器を集合設置して、その外側を遮蔽壁で取りかこむ）にわけられます。
- 10年程度の**長期的使用**でも、放射性物質のもれがないように、機械的強度、耐気候性を保ち、地下へ埋設することが可能です。
- γ線遮蔽効果としては、透過率で0.1〜0.02（減衰%で表すと90〜98%）、遮蔽容器外側での表面放射線量を0.2μSv/h以下です。
- これらの遮蔽壁、安全容器は、内部の汚染物のγ線を遮蔽するだけでなく、たとえば裏山や隣家など**敷地外部からのγ線遮蔽材**として、汚染現場近く（住宅敷地内、駐車場境界、道路の分離帯、山裾、水田のあぜ道、河川敷など）に設置することができます。
- 遮蔽壁は、住宅外壁に付帯設置してγ線遮蔽効果を高めたり、トレーラーハウス、コンテナハウスとして除染作業場で使用したりと、**緊急避難時の移動式安全空間**として活用できます。

★大切なのは……**福島第一原発由来の放射性核種による影響を避けるため、人々が積極的に行動すること !!**
(放射能の防護や吸着の手立てを広めること !!)

［付］環境省除染関係ガイドライン（平成 25 年版第 2 版）の除染方法と、私たちが提案する地域循環型除染方法（本書）の対比

環境省除染ガイドラインによる主要な除染手法と問題点		
除染対象素材名、場所および測定法・基準	除染手法名	問題点
放射能除染の測定、監視、基準	①除染関係ガイドライン第1篇で「生活空間における空間線量率を把握する測定点はNaIシンチレーションサーベイメータ等により原則として1mの高さで空間線量を測定する」とされている。 ②除染が実施される「汚染状況重点調査地域」としては、「0.23μSv/h以上」と認められた区域とされている。	できるかぎり放射能の影響を少なく見積もる「恣意的平均値主義」をとっている。その問題点は、 ①その地域の空間線量値の平均値より多くのモニタリングポスト値が明らかに線量が低い（モニタリングポストの位置の選択、周辺を除染するなど低くなるように設定されているケースが多い） ②「その区域の平均的な線量を把握することが目的なので、樹木の下や側溝等、局所的に線量が高い可能性のある地点は測定地点としない」とされている。しかし、子どもたちの生活空間に樹木の下、側溝などホットスポットがいたるところにある。そのようなホットスポットを測定値に入れないことは「少しでも線量を下げたいという除染の目的」に反している。 ③事故前の平均的線量は0.06μSv/hであったので、0.23μSv/hはその4倍も高い。「0.23は事故前の線量に戻すための通過点である」 ④モニタリングポストが0.23μSv/hを下回っていても、それより10倍程度高いホットスポットが多く存在する。0.23以下を理由に、「除染はしない」、「屋根や土壌除染はしない低線量メニュー」を選択している自治体がある。 ⑤「ウェザリング（風雨によって放射性物質が拡散する）によって低減する」としているが、ウェザリングは高圧水洗浄と同様、「少し広域で見れば原理的に低減率ゼロ」であり、このような説明は誤りである。

地域循環型除染法（本書）の手法と特徴		
除染対象	除染手法名	特徴と有効性
①子どもたちの低線量長期被ばく防止を最優先課題とするので、通学路、子どもの遊び場、生活空間を優先的に測定する。 **②ガイドラインと同様に、0cm、50cm、1m の高さで測定するが、除染目標としては 0cm 高さの低減率を使用する。**	①アロカ社製の NaI シンチレーション・サーベイメータを使用して 0cm、50cm、1m の高さで 5 回ずつ測定し、平均値を採用する ② 0cm の表面線量については、厚さ 2cm の円筒状鉛遮蔽体を使用して除染前後を測定する。 ③土壌汚染などの深さ分布を詳細に知る必要性がある場合は、6cm 直径の塩ビパイプでコアサンプルを実施して、1cm 刻みで切断してゲルマニウム半導体検出器によって測定する。	除染前後の低減効果を確認する測定が目的であるので、以下のような特徴と有効性を持っている。 ①ホットスポットを徹底的に見つけて測定する。 ②汚染素材の深さ方向に浸透している放射線量（μSv/h）と放射能密度（Bq/kg）を測定し、どの深さまで除染すれば低減率がどれくらいかを確認する。 ③表面線量は 2cm 厚さの円筒状鉛遮蔽体を使用する。2cm 厚さ鉛の透過率は 0.16 であるので、まだ周辺から 16% の影響を受けた数値である。鉛遮蔽体使用で 0.15μSv/h 以下、遮蔽体を使用しない場合は 0.3 μSv/h にすることが、除染の当面の目標である。 ④土壌を可能なかぎり少なく除去して低減率を有効にできる深さは、耕されていない田畑、森林、雑草地では約 2cm である。確認のため、塩ビパイプコアサンプルを採取して、大学など研究機関で 1cm 厚さにカットしてからゲルマニウム半導体検出器で測定すると、厚さ方向に 1cm 刻みの放射能濃度分布がわかる

環境省除染ガイドラインによる主要な除染手法と問題点		
除染対象素材名、場所および測定法・基準	除染手法名	問題点
固い素材の除染法 (屋根、壁、ベランダ、道路、駐車場、敷石、側溝、樹木の幹など)	高圧水洗浄、布による拭き取りなど	放射性物質は移動するだけで除去したことにならないし、固い素材に浸透している放射性物質は除去できず、低減率が低い。高圧水洗浄が普及してしまったので、地元住民に対して「除染はやっても効果がない、できない」という印象を定着させてしまったし、その他の適切な除染方法が考案されることを阻害した罪は大きい。布による拭き取りの低減効果は低い。
土壌などの除染法 (水田、畑、運動場など)	大量土壌除去、反転耕など	土壌を大量に除去すれば放射線量は下がるので、除去物が大量になってしまうことに対する歯止めがない。そのため、除去物の置き場が確保できないため、除染が進まない最大の元凶になっている。反転耕は一時的に作物への吸収率は下がるが、放射性物質は田畑に残るので問題の先送りであり、低減率も低く作業被ばくもなくならない。

地域循環型除染法（本書）の手法と特徴		
除染対象	除染手法名	特徴と有効性
①固い素材の表面に乗っているか付着している放射性物質 **②固い素材の表層に浅く浸透している放射性物質** **③固い素材の表層に深く浸透している放射性物質**	①**バキューム吸引法**（ブラシング＋バキューム吸引＋水洗浄分級＋安全保管容器） ②**泡洗浄、バキューム吸引法**（クエン酸入り泡洗浄＋ブラシング＋バキューム吸引＋水洗浄分級＋自然乾燥＋安全保管容器） ③**泡洗浄法**（クエン酸入り泡洗浄＋ていねいな電動ブラシング＋PVA塗布＋壁紙方式の布隔離＋安全保管容器）	①放射性物質を拡散させることなく、床掃除機などでバキューム吸引し、除去物は水洗浄分級を行い減容してから安全容器に保管する。 ②固い素材表面のゴミなどを掃除機で吸引してから、クエン酸入り洗剤を塗布してブラシングを行い、その後に掃除機で泡を吸引する。汚染水は掃除機タンクから取り出し、微細粒子を沈殿、水は自然蒸発させて、残渣を安全容器に保管する。 ③クエン酸入りの界面活性剤を固い素材に塗布してブラシングすると、素材に浸透していた放射性セシウムをキレート効果で洗い出す作用がある。泡に浮き出てきた放射性物質をPVAで泡ごと固め、壁紙方式の布に付着。乾燥させて布を剥離する。
土壌などの除染法	①**湛水法** （抜根＋湛水＋トロトロ層形成＋水抜き＋乾燥＋表層剥離＋地下埋設） ②**2cm深さ抜根法**（2cm深さまで根をドライブハローで掘り起こす＋バックフォーの排土板で田畑の端へ除去土を移動＋1m幅で深さを1m程度掘り、遮水シートを敷いて、地下埋設し、上から非汚染土を20cm厚さで被せておく ③**水洗浄分級法**（湛水＋汚泥攪拌＋乾燥＋表層剥離＋地下埋設）	①水田に水をはると、一年生の雑草や稲などの根は、微生物、イトミミズなどの繁殖による分解作用で腐植、分解してトロトロ層が形成され、放射性物質が濃縮される。5cm厚さのトロトロ層が乾燥すると2cm程度になり濃縮が進み、放射性物質は表層に集中して存在する。表層2cmまでを薄く剥ぎ、水田端の地下に埋設すれば除染が完了する。湛水法は、水さえ張っておけばあとは表層をはぐ作業だけで、90%程度の低減を達成することができる。 ②2cm抜根法は、季節にかかわらずいつでも、どこでも実施できる。 ③雑草の繁殖していない田畑や運動場などの除染法としては、周囲に土手をつくり水を張ってから土壌を攪乱して微細粒子を水に浮かび上がらせ、沈殿させてから乾燥させる。乾燥後には、放射性物質は表層に濃縮されているので、表層を薄く剥離して管理型で地下に埋設する。

環境省除染ガイドラインによる主要な除染手法と問題点		
除染対象素材名、場所および測定法・基準	除染手法名	問題点
除去物の保管場所および保管法	仮仮置き場、仮置き場、中間貯蔵地方式、最終処分地（福島県外の場合）へフレコンバッグや土嚢で囲ったプラスチック容器を保管	仮置き場、最終処分地は、周辺住民の反対があり建設が困難な地域が多い。中間貯蔵地の建設も大幅に遅れているが、建設できたとしてもすぐに満杯になってしまう。特別除染地域の田畑の除去土壌は、田畑の内側を仮置き場、仮仮置き場として使用している。放射線が遮蔽されていないだけでなく、長期の仮置きのため、フレコンバッグの耐用年数を過ぎてしまう恐れもある。田畑も当面は耕作できない。福島市のように住宅地域の除去物は敷地の中央部に保管しているが、いつ除去されるかもわからない。
ホットスポットや運動場など緊急性のある場所の除染（運動場、児童公園、通学路など）	放射線被害の影響を受けやすい子どもたちへの被ばくを考慮し、運動場などについては優先的に除染されている。	運動場や児童公園などの優先的除染はなされているが、除去物は運動場に野積みされている場合が多い。運動場以外の中庭、側溝などは放置されている。通学路や子どもたちの遊び場についても放置されている場合が多い。通学路には道路端、側溝、街路樹下などホットスポットが多く存在しているが、除染されずに放置されている。
雑草（雑草地、果樹園、牧場など）	雑草除去後フレコンバッグ保管、一部は焼却処分	放置されている雑草地がほとんど。汚染雑草が枯れると微細粒子としてホットパーティクルになり内部被ばくをもたらす。除去された雑草もフレコンバッグで保管されたままが多い。一部の除去雑草は焼却されているが、焼却灰汚染の原因になっている。

地域循環型除染法（本書）の手法と特徴		
除染対象	**除染手法名**	**特徴と有効性**
除去物の保管場所および保管法	①**独立型安全保管容器** ②**集合型安全保管容器**（壁型、物置型、プランター置き型など） ③**山裾囲い型** ④**土手囲い型** ⑤**地下埋設型**	①安全保管容器は、独立型、集合型、囲い型、地下埋設型ともに、汚染除去物の放射線量がいかに高くとも、容器外側の表面線量が 0.2μSv/h 以下に設計する。 ②安全保管容器を置く場所は、建物敷地境界、道路や駐車場の敷地境界、側溝の上部、山裾境界など、基本的に敷地境界部とする。そのことによって、外側から侵入するγ線を遮蔽する効果も期待できる。 ③置き場が生活の障害にならないように、壁に沿って置けるタイプ、道路街路樹の間や中央分離帯に置けるプランタータイプ、上部を物置きにできるタイプなどを用意する。 ④「一時的保管」であり、最終的には福島第二原発、第一原発へ保管物を運ぶ。
ホットスポットや運動場など緊急性のある場所の除染 （運動場、児童公園、通学路など）	①**バキューム吸引法**（ブラシング＋バキューム吸引＋水洗浄分級＋安全保管容器） ②**泡洗浄、バキューム吸引法**（クエン酸入り泡洗浄＋ブラシング＋バキューム吸引＋水洗浄分級＋自然乾燥＋安全保管容器） ③**泡洗浄法**（クエン酸入り泡洗浄＋ていねいな電動ブラシング＋ PVA 塗布＋壁紙方式の布隔離＋安全保管容器）	①子どもたちの生活圏である通学路、子どもの遊び場、住宅敷地内には多くのホットスポットが存在するので、優先的に除染を実施する。 ②除去物は、ホットスポットが存在した近場に置く。 ③ホットスポット除染は、町内単位の面的除染の先行モデルである。
雑草 （雑草地、果樹園、牧場など）	① **2cm 抜根法** （2cm 抜根＋水洗浄分級＋雑草堆肥化減容） ②**低温燃焼減容法** （雑草除去＋低温燃焼減容器＋安全保管容器）	①雑草は、放射性物質を吸収して地上より上部に循環させている。2cm 抜根法を実施して、根についた土は水洗浄分級で減容除去して保管し、雑草そのものは堆肥化減容を行う。 ②金属触媒を利用して 80 度までの低温で燃焼減容させると、20kg の雑草が 2 時間で減容できる。

環境省除染ガイドラインによる主要な除染手法と問題点		
除染対象素材名、場所および測定法・基準	除染手法名	問題点
水中の汚染物（側溝、山林内水みち、川底、池・湖・ダムの底、沿岸部海底など）	監視、測定のみで、除染はほとんど実施されていない。	山林の水みちからは、微細粒子の形で大雨の時に田畑や住宅・道路などに放射性物質が流れ込んでいる。河川、湖沼などの淡水魚汚染が広域的に生じており、汚染の長期化が起こっている。沿岸部の底魚の汚染が継続しており、漁業禁止、自粛措置が長期化している。
山林（山裾、切土、斜面、樹木など）	山裾 20m までの落ち葉や土壌除去	山裾の斜面、樹木からは周辺住宅や道路へγ線が降り注いでいる。そのγ線を遮蔽する必要があるが、ほとんど対策はなされていない。
焼却灰、下水汚泥焼却灰など	フレコンバッグによる処理場内保管が中心で、その後の処理はほとんどなされていない。	ごみ焼却場、下水処理場内の保管倉庫などに山積されており、多くの市町村で保管場所が満杯になりつつあるが、持っていく場所がない。福島県を除く市町村では最終処分地を設置することになっているが、地元住民の反対もあって候補地も決まらない。
福島県内で地震、津波で家屋などが倒壊、破損しその後に放射能汚染が生じたガレキ類	ほとんど手がついていない。福島県外で実施された方法を参考にすると、ミンチ解体をしてフレコンに入れ、中間貯蔵地に運び込まれると想定できる。	除染方法、除去物の置き場が明確になっていないので、ほとんど除染が実施できない状態が続いている。

地域循環型除染法（本書）の手法と特徴		
除染対象	除染手法名	特徴と有効性
水中の汚染物 （山林内水みち、川底、池・湖・ダムの底、沿岸部海底など）	①**水みちトラップ法** ②**閉鎖系容器バキューム吸引法** ③**水底乾燥泥除去法**	①森林出口の水みちや田畑の入り口部にトラップを設置して、微細粒子の侵入を食い止める。 ②湖沼、川底などに堆積する微細粒子は、淡水魚などの汚染原因となるので、閉鎖系容器を水中に沈めて内部を攪拌してから、バキューム吸引する方法で除去する。除去後は水洗浄分級を行い、安全保管する。 ③池や浅い川の場合、水道を変えたり、水抜きを行うことにより川底、池底を乾燥させることができる場合は、乾燥後に表層を除去する。
山林 （山裾、切土、斜面、樹木など）	①**山裾囲いγ線遮蔽法**	山裾では間伐材を太鼓引きにして「コの字型囲い」を行い、除去物を保管するとともに、微細粒子の流出を防ぎ、さらに山の斜面や樹木から住居に向けて放射されるγ線を遮蔽する。
焼却灰、下水汚泥焼却灰など	①**水洗浄分級法** （水洗浄分級＋安全保管容器）	①ゴミ焼却灰、下水汚泥焼却灰は水洗浄分級が可能であることを実験で確かめている。 ②底に布をひいた容器に焼却灰を入れて水を注ぎ、浸してから攪拌する。攪拌後に濁り成分が沈殿すれば、上澄み水を抜く。放射性物質は微細粒子に優先的に付着しているので、後から沈殿した汚泥上部には、高濃度の放射性物質が堆積している。 ③乾燥後に布を引き上げ、ロール巻きにして汚泥上部を内部に閉じ込め、安全容器に保管する。 ④焼却灰入りの安全容器は、埋め戻し材、γ線遮蔽容器として近場に置く。
福島県内で地震、津波で家屋などが倒壊、破損し、その後に放射能汚染が生じたガレキ類	①**汚染現場における分別解体** ②**素材別の除染** ③**汚染現場における安全容器保管**	①ミンチ解体をしてしまうと、素材別の除染方法が適用できなくなるので、徹底的に分別をする。 ②固い素材に放射性セシウムが浸透している深さを測定して、適切な除染法を選択する。 ③除去物は安全容器で保管し、当面は現場で一時保管をする。

刊行によせて

私は、敬愛する山田國廣先生の仕事を、より多くの人々に知っていただくための本書の重要性を認識し、ほんの少し編集の手伝いをさせていただきました。

白状すると、山田先生の話を伺うまでの私はといえば、自らの無知と怠慢により、また効果が上がらない国の除染作業を見ての諦めもあって､恥ずかしいことですが｢除染などできない」と思い込んでいました。

しかし、山田先生は「除染はできる」と断言され、先生からその原理と手法を少しずつ教えていただき、現地での実証データを拝見するうちに、素人ながらも、「除染はできる」と確信するようになりました。

この本は、丸2年にわたる山田先生の現地実践の積み重ねの成果物です。

私の前任校・京都精華大学の山田先生が放射能汚染の調査をされていることは、2年前（2011年）のテレビニュースで知りました。先生はその後も京都で教鞭をとりつつ、自費で何度も福島市や飯舘村に調査に入られ、「放射性物質を取り去る」ための実践を繰りかえしてこられました。その移動中にも、新幹線や自動車の車窓から見えるあらゆる表面を見ながら、「このタイプの瓦から（放射性物質を）取れるか」「この材質の壁から取れるか」「土手から取れるか」と自問し続け、数々のアイデアを繰り出しては実証実験を繰り返してこられました。この間、先生は終始一貫して「住んでいる人がいるなら、除染しなければならない」と言い続けて、まるで自分自身の責任であるかのようにとりくんでおられます。

1年ほど前（2012年秋）からは、私が活動拠点としている福島県会津地方の喜多方市にも立ち寄っていただくようになり、山田先生が最後の難題としていた「集めて濃縮した放射性物質の安全保管」について、地元の荒川産業さんが薬品関係のリユース品として扱っていたプラスチック・ドラム缶に出会うことができました。

私は、福島県喜多方市（福島県西部、会津地方）のNPO法人まちづくり喜多方に拠点を置いて、復興を持続的かつ効果的に進めていくための「ふくしま復興マネジメントシステム」という仕組みを作り始めています。復興に先立って、あるいは先行して実施しなければならない復旧において、除染はその一部であり、その根幹であり、その実践とデータは風評被害対策の基盤となります。

本文にもあるように、放射性物質を集めて隔離しなければ真の除染とは呼べません。本書に示す手法なら「除染はできる」のは確かですが、もう一つは、「自力でこそ除染はできる」ことを強調しておきたいと思います。もちろん、自動化・機械化や大規模化の工夫が継続されるべきことは、外部被ばく予防の観点からも大切です。しかし、現時点で、「素人の作業者でもできる単純な手法で大規模面積を一気に除染する」という幻想から脱却して、まずは自力でていねいに放射性物質を集めていくスタイルに注目していただきたいと切望しています。

本書は、自力除染のバイブルとなるでしょう。

黒澤正一

謝　辞

除染のモデル構築のため、福島にはじめて入ったのが、2013年5月17日でした。あれから2年半が経過しました。この間ほぼ毎月福島へ通い、「どうすれば一日も早く放射能を汚染現場から除去・安全保管し、子どもたちの環境に安全・安心を取り戻すことができるのか」を研究し、現場におけるモデル除染実験を続けてきました。正直なところ悪戦苦闘の連続で、それは今も続いています。

放射能が降りそそいだ汚染地域の通学路、地元住民の方々の住宅、道路、側溝、田畑、果樹園、牧場、山林などのモデル除染を実施させていただきました。それらはたいていの場合、汚染範囲のうちのほんの一部で実施されたもので、しかも2011年中は、実施しても十分に放射線量が下がらない場合も多くありました。やればやるほど、次の問題点が見つかるという「日々改善」が続きました。

「「はじめに」にかえて」でも触れましたが、モデル実験を実施させていただいた方々に対して「虫食い状の除染で十分な効果も上がらず、すみませんでした」とお詫びするとともに、おかげさまでモデル除染が一定の成果を上げるところまで到達できたことにたいして、心から感謝いたします。

除染を効果的にすすめるため、さまざまな機器、道具、薬品を開発しました。これについては、全国から多くの企業と共同開発、協力をさせていただきました。福島県内の企業からも多くご協力いただきました。地元企業が除染に関する効果的な製品や技術を開発して除染が進めば、これこそ復興の証になります。

＊

以下は、私が開発協力や実験をさせていただいた製品や技術を使用して実証実験をおこない、除染の効果を確認した事例にかかわった方々です。

◉福島県喜多方市、荒川産業代表取締役の荒川洋二さん、企画開発室長の荒川健吉さん、社員の福島さん、田中さん、山田さん

荒川産業では、汚染除去物を安全保管するプラドラやツーバイフォー外囲い、水洗浄分級器の開発をしていただきました。さらに、喜多方の圃場における雑草除去法、堆肥化減容、郡山市のリサイクルショップにおける種々の素材のγ線遮蔽実験などを実施させていただきました。荒川産業では、除染製品、技術の開発だけでなく、町内単位で実施される除染計画の策定や除染指導も実施していただけるようになってきました。

◉横浜市、太陽油脂株式会社特別顧問の長谷川治さん、家庭用品・販売促進部の斎藤慎司さん、代理店の上田忠義さん

コンクリート、屋根、敷石など固い汚染素材の放射性セシウムを分離させる有力な洗剤として天然界面活性剤にクエン酸を混合した新製品を開発していただきました。この製品は、2013年9月29日の郡山市における「公開除染実証実験」でも大活躍しました。

◉愛知県稲沢市、東新住建株式会社会長の

深川健治さん、名古屋市、株式会社ドリームプロジェクト代表取締役の稲吉啓さん、商品開発チーム長の岡地和弘さん

汚染除去物を一時保管するツーバイシックス型外囲いを開発していただきました。9月29日の公開除染実証実験においても使用し、高線量汚染物でもγ線遮蔽ができることを確認しました。さらに高線量汚染地域で作業場などに使用できる、γ線遮蔽トレーラーハウスの開発をしていただきました。

◉京都市、株式会社大力（だいりき）取締役副社長の山村北斗さん、営業課長の八木さん

織物布にPVAを塗布した「壁紙方式」によって、放射性物質を汚染物からはぎとる方式を開発していただきました。この方式は、本書でも高線量汚染地域の道路、屋根などの除染に使用して実績が証明されています。

◉福島市、有限会社庄司商店代表取締役の庄司信行さん、姫路市東日商事会長の福田兼二郎さん

本書で紹介している金属触媒を使用した「低温高速減容機」は、もともと東日商事が開発した「生ごみ処理機」を、庄司さんが汚染有機物、雑草などの減容器として小型トラックに載せて機動的に現場使用できるように改良したもので、飯舘村で実証実験済みです。

◉福島県いわき市、志賀塗装代表取締役の志賀晶文さん、管理部長の小松雅範さん、伊達市、株式会社カノウヤ代表取締役の樋口静克さん

志賀塗装では、屋根の除染に関して独自に開発した実績があり、環境省からの実証実験に関する助成金を受けています。志賀さんとは、屋根や住宅まわりや畑の除染方法について、共同実験をさせていただきました。鉛遮蔽体作成についてもご協力をいただきました。汚染瓦の実験場として樋口さんにご協力をいただきました。

◉埼玉県所沢市、株式会社ライナックス営業部部長代理の會本雅士さん

吸引式で閉鎖系容器内において回転する電動式ワイアブラシを独自に開発していただきました。これは同社の市販品に改良を加えたもので、屋根や道路などに深く浸透している放射性セシウム除去に有効で、クエン酸入りの洗剤を塗布し、この電動ブラシでブラシングしてから吸引すると、低減効果が向上します。

◉名古屋市、株式会社ダイセイ代表取締役の古市一郎さん

閉鎖系容器内で少量の超高圧水をビーム状に回転噴射し吸引回収する方式で、道路や壁など広い面積で効果的に低減できることを確認しました。屋根瓦についても、コンクリート瓦など素材に深く浸透している場合でも放射性物質の低減効果が大きいことを実証実験で確認しました。

＊

以下の紹介事例は、開発中で、今後の可能性のある技術や製品にかかわった方々です。

◉福島県郡山市、株式会社郡山チップ工業代表取締役大内正年さん、社員の林幸枝さん

郡山チップ工業では、環境省からの除染実証実験の助成金を受けて、バイオマス発電の焼却炉を作成し、焼却炉の掃除の方法、焼却灰の処理法を開発されています。これは、放射能汚染地域の自治体の焼却炉が現に困っている難題です。本書でも触れましたが、焼却灰の処理には「水洗浄分級法」が使えると考えています。掃除の方法も、方向性は摑んでいます。

◉福島県喜多方市、星醸造株式会社代表取締役の星龍一さん

本書でも紹介しました「バイオライス」の開発を目指されています。汚染米からバイオエタノールを生産し、放射性セシウムを途中でとり除く技術は、すでにあります。アルコール生産は税の関係で規制がきつく、結局のところ既得権に守られている生産システムの中に参入できるかどうかにかかっています。

◉京都府宇治市、株式会社東悦堂の代表取締役東外治さん、相談役の中山明さん

光合成細菌を使用して、生ごみの完熟堆肥を作成されています。光合成細菌が放射性セシウムを吸着する能力があることは文献によっても証明されています。光合成細菌を提供していただき、飯舘村の雑草の堆肥化をおこなうと効果があることは確認しました。光合成細菌は、池、湖、沿岸など水底に堆積した放射性セシウムを吸着除去することに応用できると考え、技術開発を目指しています。

◉京都市、住江織物元工場長の山下東一郎さん、大阪府松原市、スミノエテイジンテクノ株式会社品質保証部担当部長の今井義彦さん

住江織物では、自動車の内装用織物など種々の組織構造を有する織物を開発されています。これらの布を、水中に堆積し微細粒子に付着している放射性セシウムの回収に利用できないかと考えています。光合成細菌との組み合わせで、回収ができるのではないかと考え研究を進めています。

＊

以下は、除染モデル構築と分析に参加・協力をしていただいた方々です。

放射性物質の分析については、現地においてシンチレーション・サーベイメータで放射線量（μSv/h）を使用して測定してきました。しかし、土壌など深さ方向の存在状態をより正確に知るにはゲルマニウム半導体検出器で放射能密度（Bq/kg）を知る必要がありました。

◉大阪大学理学部化学科の教員、福本敬夫さん

ゲルマニウム半導体検出器による土壌、雑草などの汚染サンプルを測定していただきました。特に、塩ビパイプコアサンプルは1cm厚さに刻むため、その準備作業や測定時間がかかって面倒な作業をしていただき、ありがとうございました。

◉関西よつ葉連絡会の津田道夫さん

日立アロカ社のシンチレーション・サーベイメータを貸していただきました。この測定器は毎月の現場での測定に大活躍しています。

◉福島大学准教授の皆様、中里見博さん（現在は徳島大学）、荒木田岳さん、石田葉月さん

2011年の、福島市の渡利、御山、大波などにおける除染について、放射線測定と除染モデル構築に参加していただきました。

◉飯舘村／福島再生支援東海ネットワークの皆様、小早川喬さん、中島章さんをはじめとして、郡上八幡から参加されている林業家の水野さん、長野県飯島町から参加されている木こりの小幡さん、大阪から参加されている谷川さん、名古屋から参加されている瀬口さん、酒井さん……

名前が書ききれないくらい多くの方々が

ボランティアで参加されました。飯舘村の田畑、住宅まわり、山林、牧場などの測定と除染モデル構築を実施しています。どこに行っても高線量の飯舘村において、広大な面積に背丈ほどの雑草が生い茂る田畑で、大雪が降り積もる森林で、屋根の上で、事故以後現地で飼育されてきた馬がどんどん死んでいく細川牧場で、粘り強い活動が現在も続いています。本書で紹介している田畑除染法である「湛水法」「2cm 抜根法」や「森林裾野のγ線遮蔽法」、「水みちトラップ法」などは、この飯舘村における除染活動の成果です。

◉飯舘村村議、佐藤八郎さん

飯舘村／福島再生東海ネットワークの飯舘村の活動拠点になっているのが、私たちが親しみをこめて「八ちゃん」と呼ぶ佐藤さん宅です。飯野町に避難されており、その自宅に私たちは雑魚寝で泊まりこみ、飯舘村まで車で通い、除染活動を続けています。

◉郡山市冨久山町久保田 52 町内会の皆様、会長の大泉兼房さん、行健除染ネットワーク会長の村上利勝さん、事務局の鈴木洋平さん

本書の「「はじめに」にかえて」に紹介した郡山市における「公開除染実証実験」は、「住宅周辺において町内会単位で面的除染が実施でき、年間 1mSv をクリアして事故前の放射線量へ近づくことができる」ことを公開の場で証明できました。この貴重なチャンスを与えていただき大きな成果をあげることができたのは、町内会の皆様、町内会長さんの大泉さん、行健ネットの村上さん、鈴木さんたちの努力のおかげです。

◉一般社団法人ふくしま会議の皆様、代表理事で学習院大学教授の赤坂憲雄さん、事務局の高畑さん、藤野さん、伊藤さん

9 月 29 日の郡山市における「公開除染実証実験」には「ふくしま会議」も分科会として参加していただき、実証実験の手法や成果がユーチューブで放映されました。ふくしま会議には、除染にかんして知識や情報をお持ちの多くの関係者が参加されています。適切な除染方法の普及について、ふくしま会議の今後のご活躍に期待をかけています。

◉ダイオキシン・環境ホルモン対策国民会議常任幹事の藤原寿和さん、朝日新聞福島総局の本田雅和さん

藤原さんは長年の友人で、朝日新聞の本田さんを紹介していただき、福島市の阿部さんの梨園や、渡利の浦澤さん宅の自宅汚染の測定と簡単なモデル除染を実施させていただきました。その後も、藤原さん、本田さんからは貴重な情報をいろいろと教えていただきました。

◉原子力市民委員会座長で法政大学社会学部教授の舩橋晴俊さん

東京大学における「福島原発で何が起きたか――安全神話の崩壊」（岩波書店から出版）シンポジウム、福島大学における日本科学者会議主催のシンポジウムと現地見学会に同席させていただき、私が提案している「適切な除染手法の普及」について激励やアドバイスをいただきました。

◉ NPO 法人まちづくり喜多方の皆様、代表理事の蛭川靖弘さん、半谷尚之さん（現在は富岡町職員）

喜多方市における除染活動の拠点として、事務所を使用させていただくとともに、モデル除染や測定に参加していただきました。

また、飯坂温泉におけるシンポジウムを主催していただき、それがきっかけで郡山市における「公開除染実証実験」につながっていくことになりました。

◉ NPO法人国際協力NGOセンター（JANIC）震災タスクフォースコーディネーター福島担当の竹内俊之さん、小玉さん、佐藤さん

2011年の福島市における除染モデル構築と測定に参加していただきました。その後も、福島駅前事務所を訪れ情報交換をさせていただきました。

◉エントロピー学会、会員の皆様、同志社大学経済学部教授の和田喜彦さん

エントロピー学会は、私が福島の除染活動に取り組むきっかけを与えてくれました。それとともに、その後のシンポジウムや研究会の開催によって、貴重な情報を得ることができました。同志社大学の和田さんには2011年の福島市における除染活動に再々にわたって参加していただき、京大の小出裕章さんから借りたシンチレーション・サーベイメータで綿密な測定をしていただきました。

◉ NPO法人木野環境、代表理事の丸谷一耕さん、岩松さん、北井さん

私が理事を務めるNPO法人木野環境には、2011年8月から私の除染手法に関して、ホームページ掲載をしていただきました。それ以後、いろいろな除染に関する問い合わせの窓口になっていただきお世話をかけています。今回の新たな出版を機に、ホームページ情報の更新を行い、この後の問い合わせの窓口として継続していきたいと願っています。

◉京都精華大学、教員、職員、学生の皆様、人文学部環境未来コース教員の細川弘明さん、板倉豊さん、恩地典雄さん、井上有一さん、服部静枝さん、田村由香さん、元学長の中尾ハジメさん、元教員の槌田劭さん

私が福島へ2年半の間ほぼ毎月、除染モデル構築に通うことができたのは、京都精華大学から給料をいただいているおかげでした。感謝いたします。大学には除染に関する問い合わせがあります。そのときには職員の方々からていねいに情報を伝達していただきました。学生たちは、被災地の福島から京都へ避難されてきた方々の子どもさんや、夏休みなどで一時的に現地から避難されてくる子どもさんたちを、「ゴーゴーワクワク・キャンプ」を開催して粘り強く支援を続けています。大学における除染の基礎実験には、ゼミ生が協力してくれました。教員の細川さんには、2011年の福島市における除染モデルの測定に参加していただきました。板倉さんには、初めての福島入りの時、飯舘村の測定に参加していただきました。私が、金、土、日曜日に福島入りすることが多かったのですが、授業や会議に関して、環境未来コース教員の方々にはいろいろとご配慮をいただきました。古くから反原発の活動を続けてこられた中尾さん、槌田さんからは、粘り強い活動が必要なことを教えていただきました。

＊

以下は、本書の出版に関してお世話になった方々です。

◉ NPO法人まちづくり喜多方特別顧問、元京都精華大学、早稲田大学客員教授の黒澤正一さん

本書の執筆に関して、黒澤さんには言葉に表せないくらいお世話になりました。黒澤さんのご協力がなければ、本書の出版は危うかったか、できたとしてもかなり遅れることになったと思います。京都精華大学における同僚時代からお世話になり、喜多方市の除染活動のきっかけを与えていただきました。感謝いたします。

◉藤原書店社長の藤原良雄さん、本書編集担当の山﨑優子さん

藤原さんとは、藤原書店ができる前からの長い付き合いです。私が、毎月除染活動にでかけていることを知り、2012年3月には『放射能除染の原理とマニュアル』を出版させていただきました。この本の段階では、除染手法としてはまだまだ未熟でした。しかし、この本の出版は、その後の除染活動の推進に大いに役立ちました。藤原さんが京都へ出てこられたときは、除染活動の進行状況に関して綿密な情報交換をさせていただきました。そして今回の出版にこぎつけることができました。私の原稿が、図表の羅列で読者の皆様にわかりにくいときは、「もっとストーリーを入れてリアルに書け」と電話で叱咤激励をしていただきました。

編集担当の山﨑さんには、第1回目の除染本、季刊『環』の連載原稿編集、そして今回の2回目の除染本と継続的にお世話になっています。私は、締め切り間際になって抜けていた情報を思いつき、後から「これも追加お願い」ということを再々繰り返してきました。そのさいにも、快く応じていただきました。読者にわかりやすくする編集能力については信頼できるものがあり、細部の修正や重要な箇所のアンダーラインなどはすべて山﨑さんの有能な仕事の成果です。ありがとうございました。

＊

以下は、私の家族に対する感謝の気持ちです。

私がたびたび除染にでかけることについて、家族には大変心配をかけてきました。子どもたちからは、現地へ行くごとにメールやフェイスブックで激励をもらいました。妻の八重子も必ずメールをくれて、「高血圧の薬は飲んだか」「くれぐれも無理をしないように」と気遣ってくれました。私を「行かせてもいいのか？」という八重子の葛藤は、私にはよくわかっていました。それでも、止めることなく見続けてくれました。私は、メールの返事の最後に「感謝、感激、雨、愛スクリーム」と書いて返信をしていました。

「除染が、できない」未来には「あきらめ」、「無理な忘却」、「絶望」、「不信感」があります。しかし、「除染は、できる」未来には「希望」があります。この本が、希望の灯りになることを願っています。

2013年10月16日

京都の自宅書斎にて

山田國廣

著者紹介

山田國廣（やまだ・くにひろ）

1943年大阪生。京都工芸繊維大学工芸学部大学院修了。1969年より大阪大学工学部助手。1990年より大阪大学を辞職して循環科学研究室主宰。1997年より京都精華大学人文学部教授。エントロピー学会世話人。工学博士。1970年頃から瀬戸内海や琵琶湖の水環境汚染の調査研究を始める。1980年代前半から水道水中のトリハロメタン問題や地下水汚染に取り組み、後半からはリゾート開発としてのゴルフ場乱造成に対し、里山を守る活動として『ゴルフ場亡国論』（編著）を出版する。以後、環境問題を総合的に把握し解決する環境学の立場から研究活動を続ける。著書に『シリーズ・21世紀の環境読本』『下水道革命』（石井勲との共著）『環境革命I〔入門篇〕』『1億人の環境家計簿』『放射能除染の原理とマニュアル』（藤原書店）『フロンガスが地球を破壊する』（岩波ブックレット）他。

除染（じょせん）は、できる。——Q&Aで学（まな）ぶ放射能除染（ほうしゃのうじょせん）

2013年10月30日　初版第1刷発行 ©

著　者　山田國廣
発行者　藤原良雄
発行所　株式会社　藤原書店

〒162-0041　東京都新宿区早稲田鶴巻町523
電　話　03（5272）0301
FAX　03（5272）0450
振　替　00160-4-17013
info@fujiwara-shoten.co.jp

印刷・製本　音羽印刷

落丁本・乱丁本はお取替えいたします
定価はカバーに表示してあります

Printed in Japan
ISBN978-4-89434-939-1

専門家がいち早く事故分析

福島原発事故はなぜ起きたか

井野博満・後藤政志・瀬川嘉之　井野博満編

「福島原発事故の本質は何か。制御困難な核エネルギーを使いこなせるという過信に加え、利権にむらがった人たちが安全性を軽視し、とられるべき対策を放置してきたこと。想定外でもなんでもない」（井野博満）。何が起きているか、果して収束するか、大激論！

Ａ５並製　二二四頁　**一八〇〇円**
（二〇一一年六月刊）
◇978-4-89434-806-6

「東北」から世界を変える

「東北」共同体からの再生

（東日本大震災と日本の未来）

川勝平太＋東郷和彦＋増田寛也

「地方分権」を軸に政治の刷新を唱える静岡県知事、「自治」に根ざした東北独自の復興を訴える前岩手県知事、国際的視野からあるべき日本を問うてきた元外交官。東日本大震災を機に、これからの日本の方向を徹底討論。

四六上製　一九二頁　**一八〇〇円**
（二〇一一年七月刊）
◇978-4-89434-814-1

東北人自身による、東北の声

鎮魂と再生

（東日本大震災・東北からの声100）

赤坂憲雄編　荒蝦夷＝編集協力

「東日本大震災のすべての犠牲者たちを鎮魂するために、そして、生き延びた方たちへの支援と連帯をあらわすために、この書を捧げたい」（赤坂憲雄）――それぞれに「東北」とゆかりの深い聞き手たちが、自らの知る被災者の言葉を書き留めた聞き書き集。東日本大震災をめぐる記憶／記録の広場へのささやかな一歩。

Ａ５並製　四八八頁　**三二〇〇円**
（二〇一二年三月刊）
◇978-4-89434-849-3

“原理”が分かれば、除染はできる

放射能除染の原理とマニュアル

山田國廣

住宅、道路、学校、田畑、森林、水系……さまざまな場所に蓄積した放射能から子供たちを守るため、現場で自ら実証実験した、「原理的に可能な放射能除染」の方法を紹介。責任はどこにあるか。誰が行うか。中間貯蔵地は、仮置き場は……「除染」の全体像を描く。

Ａ５並製　三二〇頁　**二五〇〇円**
（二〇一二年三月刊）
◇978-4-89434-826-4